AF630983

ACTA BIOLOGICA ET MEDICA GERMANICA

HERAUSGEBER:
R. BAUMANN, H. DUTZ, A. GRAFFI, H. GUMMEL, F. JUNG
L.-H. KETTLER, S. M. RAPOPORT

UNTER MITARBEIT VON:
W. BEIER, H. DRISCHEL, H. FRUNDER, M. GERSCH, E. GOETZE,
H. HANSON, F. HAUSCHILD, G. HOLLE, F. MACH, H. MATTHIES,
G. MOHNIKE†, O. PROKOP, K. SCHUBERT, F. SCHWARZ,
G. STERBA, A. WOLLENBERGER

SCHRIFTLEITUNG:
W. SCHELER, H. BIELKA

AKADEMIE-VERLAG · BERLIN · BAND 16 · HEFT 5 · SEITE 465–573 · 1966

AUFNAHMEBEDINGUNGEN

1. Es werden nur Arbeiten angenommen, die nicht an anderer Stelle mit demselben Inhalt veröffentlicht oder zur Veröffentlichung angeboten werden. Der Autor verpflichtet sich nach Annahme, die Arbeit an keiner anderen Stelle zu veröffentlichen.

2. Die Arbeit muß wissenschaftlich wertvoll sein. Bestätigungen bekannter Tatsachen, Versuche und Beobachtungen ohne positives Ergebnis werden, wenn überhaupt, nur in kürzester Form aufgenommen. Nicht aufgenommen werden Arbeiten referierenden Charakters, Polemiken und rein spekulative Arbeiten, falls sie nicht ganz wesentliche neue Gesichtspunkte enthalten.

3. Kurzmitteilungen für experimentelle Ergebnisse werden bei der Drucklegung zeitlich bevorzugt. Für ihren Inhalt ist ausschließlich der Autor verantwortlich.

4. Die Arbeiten müssen kurz und klar geschrieben und gegliedert sein. Problematik (Einleitung), Methodik, Befunde und Diskussion, evtl. Schlußfolgerungen sollen deutlich in Erscheinung treten. Der Arbeit soll ein Kurzreferat der wesentlichsten Ergebnisse vorausgestellt werden. Neben einer anderssprachigen erscheint auf jeden Fall eine deutsche Zusammenfassung. Die Arbeiten werden in folgenden Sprachen angenommen: Deutsch, Russisch, Englisch und Französisch.

5. Die Arbeiten werden im Sofortumbruch gesetzt; größere Korrekturen in Form von Streichungen bzw. Zusätzen sind daher in der Umbruchkorrektur nicht mehr möglich.

6. Genaue Hinweise zur Manuskriptgestaltung sind von der Redaktion der Zeitschrift anzufordern und sind unbedingt einzuhalten.

7. Manuskripte sind an die Herausgeber zu senden oder direkt an die Redaktion der Acta biologica et medica germanica. 1115 Berlin-Buch, Lindenberger Weg 70.

8. Von jeder Originalarbeit werden kostenlos 80 Sonderdrucke geliefert. Darüber hinaus können bis zu 100 Sonderdrucke gegen Berechnung bezogen werden.

Die Herausgeber

ACTA BIOLOGICA ET MEDICA GERMANICA

Herausgeber:

R. Baumann · H. Dutz · A. Graffi · H. Gummel · F. Jung · L.-H. Kettler
S. M. Rapoport

Band 16 | 1966 | Heft 5

Acta biol. med. german., Band 16, Seite 465—473 (1966)

Aus dem Institut für Biophysik der Deutschen Akademie der Wissenschaften zu Berlin
(Direktor: Prof. Dr. rer. nat. habil. KH. LOHS) Berlin-Buch

Die Ribonuklease A nach UV-Bestrahlung ($\lambda = 254$ nm): Spektrale Eigenschaften

H.-G. MÜLLER

(Eingegangen am 9. 11. 1965)

Zusammenfassung

Unter dem Einfluß monochromatischen UV-Lichtes der Wellenlänge 254 nm vermindert sich die enzymatische Aktivität der Ribonuklease bei gleichzeitigem Ansteigen der UV-Absorption zwischen 240 und 400 nm. Mit wachsender Lichtinaktivierung nimmt auch die Thermostabilität der RNase ab und die natürliche Konformation geht verloren. Im Ergebnis der Bestrahlung entsteht eine veränderte Seitenkette, die sich ähnlich wie das Tyrosin titrieren läßt.

Mit den Fortschritten der Eiweißchemie entstand die Möglichkeit zu eingehenderen Untersuchungen über den Einfluß der verschiedenen Strahlungsarten auf Proteine. Etwas überraschend ist dabei die Tatsache, daß die moderne automatische Aminosäureanalyse einstweilen keine aufschlußreichen Resultate erbrachte [2]—[5]. Auch unter der Annahme, daß die Veränderungen der Primärstruktur gering sind, dürfte eine wesentliche Ursache dafür in den gegenwärtig noch nicht zu umgehenden Unzulänglichkeiten der Vorbehandlung des Analysenmaterials zu suchen sein.

Durch die salzsaure Hydrolyse bei 110 °C werden einzelne Aminosäuren völlig zerstört, andere teilweise [6]. Einige Derivate von Eiweißaminosäuren, die bei Radiolysevorgängen entstehen können, werden in die betreffenden Aminosäuren zurückverwandelt [7], [7a]. Die Erfassung der verschiedenen niederen Oxidationsprodukte des Zysteins und Zystins ist schwierig, da diese wie die Aminosäuren selbst weitgehend instabil sind. Hier bleibt nur die Möglichkeit, die Summe beider Aminosäuren nach vorheriger vollständiger Oxidation als Zysteinsäure zu bestimmen [6] oder eine alleinige Bestimmung von Zystein und Zystin vorzunehmen [8]. Leichter dagegen sind Veränderungen der biologischen und physikochemischen Eigenschaften nachzuweisen. Neben der enzymatischen [3]—[5], [7] oder hormonellen [9]—[11] geht auch immunologische Aktivität [9], [12] verloren oder beim Fibrinogen z. B. läßt die Gerinnungsfähigkeit nach [13]. Die Löslichkeit kann sich ändern [3], [15], ebenso wird das chromatographische [3], [15], [16] und optische [4], [17]—[19] Verhalten beeinflußt.

In diesem Beitrag wird über die Wirkung ultravioletten Lichtes ($\lambda = 254$ nm) auf die spektralen Eigenschaften der RNase in Relation zur Aktivitätsabnahme berichtet.

Material und Methodik

Als Untersuchungsobjekt diente Ribonuklease A (RNase A), die nach AQVIST und ANFINSEN [20] durch Ammonsulfatpräzipitation und anschließender Chromatographie über Carboxymethylzellulose isoliert und danach über Amberlite IRC 50 (XE 64) nach HIRS et al. [21] rechromatographiert wurde. Zur Entsalzung schloß sich eine Gelfiltration über Sephadex G 25 (60 × 4 cm) mit 0,1 n Essigsäure als Elutionsmittel an. Die RNase-A-haltigen Fraktionen wurden lyophilisiert, zwecks Disaggregation nochmals gelöst, auf 65 °C erwärmt und wieder lyophilisiert. Das so gereinigte Material war in beiden chromatographischen Systemen homogen. Die Aminosäureanalyse nach SPACKMAN et al. [1] ergab nach 22 Std.-Hydrolyse in 5,7 n $HCl_{tridest}$ [1, 2]:

Asp	14,49 (15)	Thr	8,51 (10)	Ser	11,19 (15)	Glu	12,50 (12)
Pro	4,08 (4)	Gly	3,24 (3)	Ala	12,42 (12)	½ Cys	— (8)
Val	9,04 (9)	Ileu	2,90 (3)	Leu	2,24 (2)	Tyr	5,00 (6)
Phe	2,98 (3)	Lys	10,43 (10)	His	4,37 (4)	Arg	3,93 (4)

Die bestrahlten RNase-Lösungen waren 0,2%ig in tridest. Wasser und wurden stets frisch hergestellt. Ihr *p*H-Wert lag, bedingt durch Essigsäure-Reste im Lyophilisat, bei 5,0. Bestimmungen der enzymatischen Aktivität erfolgten nach ANFINSEN et al. [22] mit RNS als Substrat. Die Konzentration ermittelten wir mit Hilfe des molaren Extinktionskoeffizienten von $\varepsilon_{278} = 9{,}8 \cdot 10^3$ unter Zugrundelegung des Molekulargewichtes von 13700.

Die als Substrat benutzte RNS gewannen wir aus einem Rohpräparat des Arzneimittelwerkes Dresden. Der wasserlösliche Anteil der Ausgangssubstanz wurde im 20fachen Volumen zweimal mit Phenol jeweils 16—20 Std. gerührt und die RNS aus der wäßrigen Phase mit zweifachem Volumen 96%igen Äthanol unter Zusatz von etwas 2 M NaCl-Lösung ausgefällt. Nach nochmaligem Umfällen mit Alkohol folgten eine 5tägige Dialyse gegen mehrmals gewechselte dest. Wasser und die abschließende Lyophilisation. Die Ausbeute lag bei 2—3%.

Alle verwendeten Chemikalien waren p.a. Die Ionenaustauscher waren Produkte des Serva-Entwicklungslabor Heidelberg, Sephadex von Pharmacia (Uppsala/Schweden).

Als Bestrahlungsquelle diente eine Quecksilber-Niederdruck-Lampe HNU 6 vom Berliner Glühlampenwerk. Mit einem Chlor-Brom-Filter (50 mm) und einem UG 5-Filter (2 mm, Schott & Gen. Jena) wurde die Wellenlänge von 254 nm herausgefiltert.

Die auf die Fermentlösung auffallende Energie betrug 10^3 erg/cm²/sec. Davon entfallen 99,5% auf die Wellenlänge 254 nm, der Rest auf 265 nm (Abb. 1). Bei der benutzten Konzentration und dem Volumen der Bestrahlungsproben (5 ml, 0,2%ig) wird der größte Teil der eintretenden Energie absorbiert, so daß die Forderung nach

[1] Die Analyse führte freundlicherweise Herr Diplom-Chemiker R. GLAESMER, Institut für Pharmakologie der DAW, Berlin-Buch, mit einem Auto-Analysator der Firma Phoenix Prec. Instr. Comp. durch. Ihm sei bestens gedankt.

[2] Die Werte für Thr und Ser sind nicht korrigiert.

einer Durchlässigkeit von > 95% nicht erfüllt ist. Um trotzdem eine gleichmäßige Schädigung zu erreichen, wurde die Fermentlösung während der Bestrahlung magnetisch gerührt. Die Bestrahlung erfolgte unter Luftzutritt.
Für die Aufnahme der UV-Spektra stand ein registrierendes Spektralphotometer UNICAM SP 800 zur Verfügung, Extinktionsmessungen wurden mit dem sowjetischen

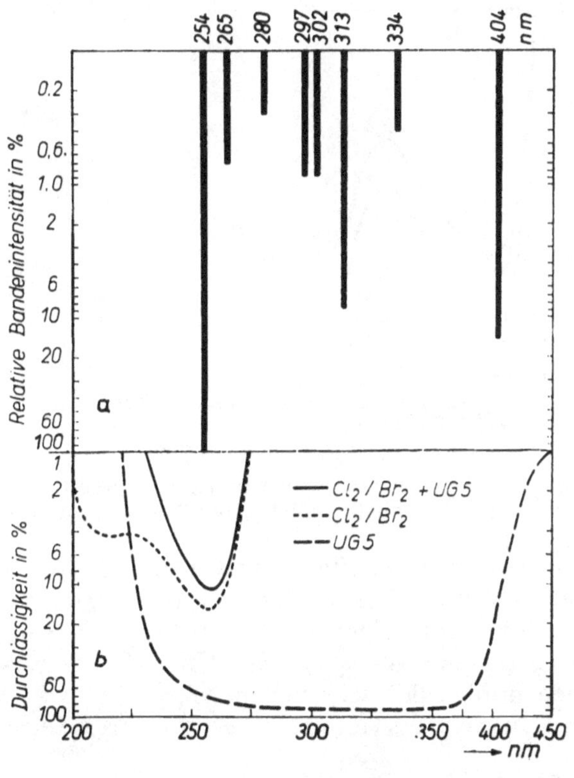

Abb. 1. Energieverteilung der benutzten Bestrahlungseinrichtung.
a: relative Bandenintensität der HNU 6; b: Durchlässigkeit der benutzten Filterkombination (Chlor-Brom-Gasfilter/UG 5) im UV. Sichtbares Licht unterhalb 650 nm wird ebenfalls völlig herausgefiltert, langwelligeres tritt hindurch

Spektralphotometer SF 4 vorgenommen. Zur Bestimmung der pH-Werte diente ein Meßgerät der Firma Radiometer Kopenhagen. Zur Thermostatierung der Küvetten benutzten wir einen mit Wasser temperierten Küvettenhalter. Die Temperaturabweichungen lagen unter 1 °C.

Ergebnisse

Unter dem Einfluß der Bestrahlung nimmt die Absorption bei Wellenlängen $\lambda > 240$ nm beträchtlich zu, also in jenem Bereich, in dem bei nativen Proteinen der Hauptanteil der Absorption auf die Aminosäurereste Tyrosin und Tryptophan entfällt. Bemerkenswert ist, daß sich dieser Anstieg auch auf den nahen UV-Bereich erstreckt, wo normalerweise nur eine sehr schwache Proteinabsorption auftritt (Abb. 2). Noch klarer treten die Veränderungen im Differenzspektrum hervor (Abb. 3). Gegen native RNase entsprechender Konzentration als Vergleichslösung ergibt sich zwischen

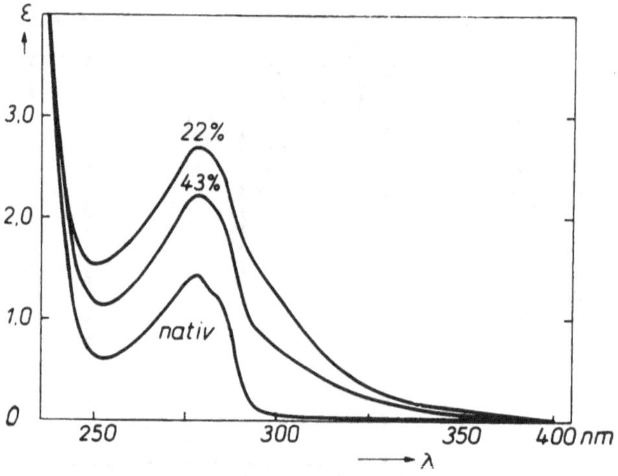

Abb. 2. UV-Spektra nativer und bestrahlter RNase mit unterschiedlicher Restaktivität (c = 2 mg/ml)

240 und 400 nm ein positives Differenzspektrum. Hauptmaxima entstehen bei 275, 283 und 292,5 nm neben weniger hervortretenden zwischen 250 und 270 nm. Deutliche Minima zeigen sich bei 287 und 278,5 nm.
Im kurzwelligeren UV sind die spektralen Unterschiede relativ gering, ihre Feinheiten gehen infolge der sehr hohen Absorption von Vergleichs- und Probelösung im Rauschen des Gerätes unter. Lineare Beziehungen zwischen

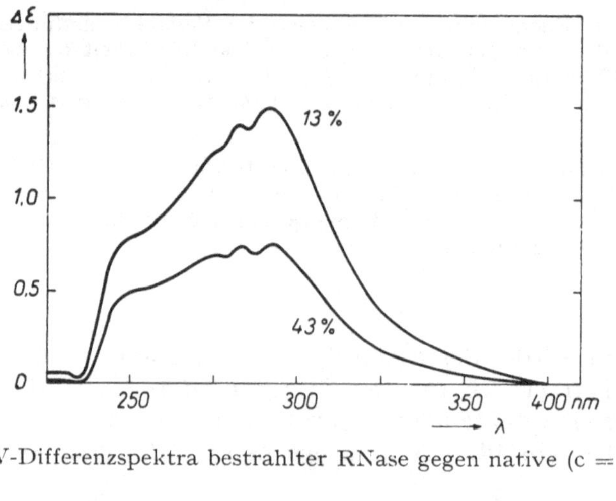

Abb. 3. UV-Differenzspektra bestrahlter RNase gegen native (c = 2 mg/ml)

dem Anstieg der maximalen Absorption bei 278 nm und dem Aktivitätsverlust bestehen nicht, wohl aber zwischen der Höhe der Differenzmaxima und diesem (Abb. 4). Erwärmt man RNase-Lösungen, so ändert sich das Spektrum in charakteristischer Weise. Besonders deutlich sind die Unter-

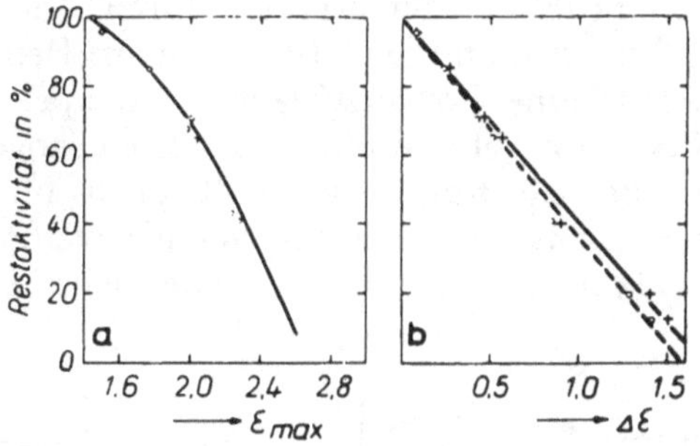

Abb. 4. Beziehungen zwischen Restaktivität und spektralen Veränderungen von RNase (c = 2 mg/ml)
a: Beziehungen zur maximalen Absorption bei 278 mμ;
b: Beziehungen zu zwei Differenzmaxima. +———+ $\Delta\varepsilon_{292,5}$; ○— — —○ $\Delta\varepsilon_{283}$

schiede bei 287 nm. Zwischen 45 und 65 °C kommt es zu einer Abnahme der molaren Extinktion. Dieser Vorgang ist reversibel. Durch die Erwärmung bedingte Schädigungen des Enzyms sind nicht nachweisbar. Das

Tabelle 1
Wärmedenaturierung bestrahlter RNase-Proben
(Restaktivitäten in %)

nach Bestrahlung	nach 10 min bei 70°	nach 30 min bei 70°	nach 5 min bei 100°
95	57	17	35
67	42	29	34
65	21	8	-
38	18	15	18
32	1	inaktiv	inaktiv
22	11	—	—
13	1	inaktiv	inaktiv

ändert sich jedoch unter dem Einfluß ultravioletten Lichtes (Abb. 5). Schon bei geringen Aktivitätsverlusten kommt es bei Erwärmung auf über 40 °C zu einem Anstieg von ε_{287}, worauf aber der für die thermische Entfaltung nativer RNase charakteristische Extinktionsabfall folgt. Oberhalb 65 °C steigt die Absorption dann weiter. Reversibel ist dieser Vorgang nicht mehr. Bei höheren Inaktivierungsraten wächst ε_{287} bei Erwärmung über 40 °C mit steigender Temperatur ständig, der Abfall bei anschließender Abkühlung ist gering. Enzymatisch weitgehend inaktive Proben zeigen bei bereits sehr hohen Ausgangswerten nur noch geringfügige Änderungen von ε_{287} unter dem Einfluß der Temperatur. Diese thermische Denaturierung spiegelt sich auch in einer weiteren Abnahme der Fermentaktivität wider. Native RNase ist sehr hitzestabil, kurzfristiges Erwärmen auf 100 °C beeinträchtigt das Enzym nicht. Anders jedoch verhalten sich die Photolyseprodukte der RNase (Tab. 1). Sie werden durch Temperatureinwirkung weiter inaktiviert. Titriert man die OH-Gruppe am Benzol-Ring des Tyrosins mit Lauge, so tritt eine Rotverschiebung im Spektrum ein. Das bei 278 nm liegende Maximum geht in ein sehr breit gezogenes über, mit der größten Absorption bei 295 nm. Das trifft auch für Tyrosin-Reste in Eiweißen zu. Allerdings sind einige erst nach einer weitgehenden Denaturation des Proteinmoleküls der Titration zugänglich. Bei nativer RNase

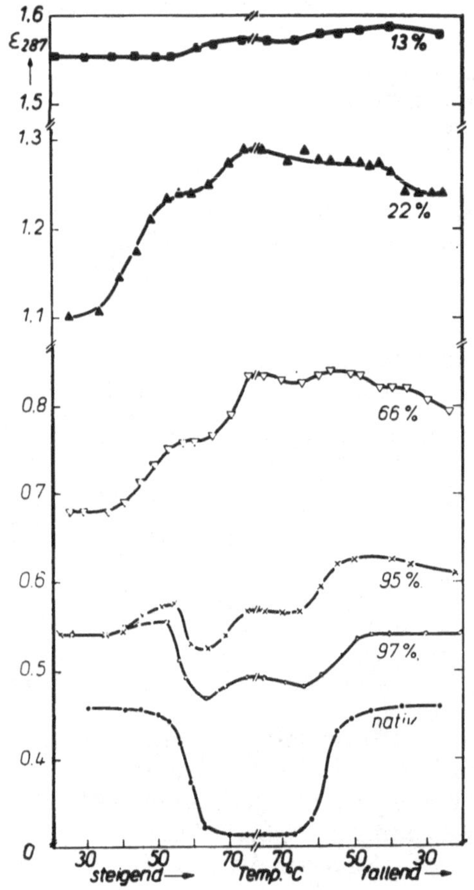

Abb. 5. ε_{287} bestrahlter RNase mit unterschiedlicher Restaktivität unter dem Einfluß der Temperatur

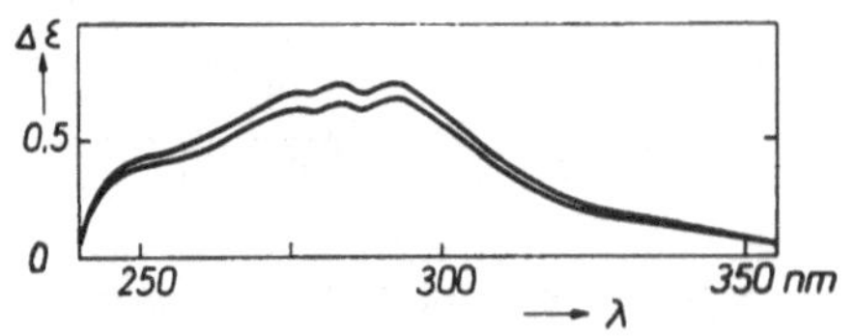

Abb. 6. Differenzspektrum einer bestrahlten RNase-Lösung gegen native RNase (c = 0,5 mg/ml).
a: nach Bestrahlung;
b: nach Bestrahlung, anschließender Erwärmung auf 75 °C und Abkühlung auf 20 °C

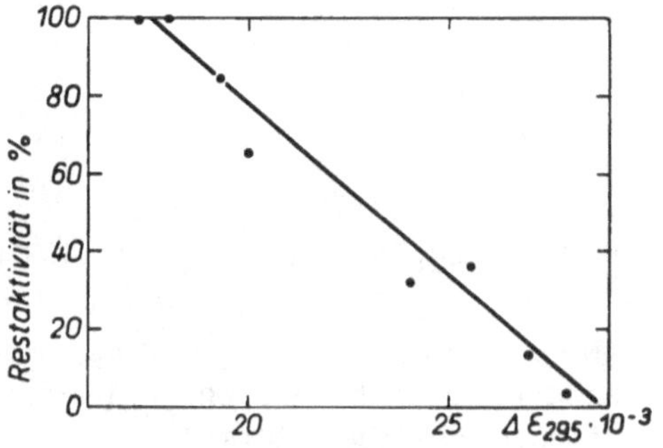

Abb. 7. $\Delta\varepsilon_{295}$ nach Titration in Abhängigkeit von der Restaktivität nach Bestrahlung

beträgt die Differenz des molaren Extinktionskoeffizienten $17 \cdot 10^3$ [24]. Titriert man die mit ultraviolettem Licht von 254 nm bestrahlten RNase-Proben spektralphotometrisch, so kommt man auf Werte, die höher als die nativer RNase liegen. Beim Vergleich mit der Inaktivierungsrate ergab sich eine Korrelation zwischen dieser und dem Ansteigen von $\Delta\varepsilon_{295}$ nach Titration. Diese Größe nähert sich mit fallender Restaktivität einem Wert von $29 \cdot 10^3$ (Abb. 7).

Diskussion

Ultraviolette Strahlung von 254 nm inaktiviert RNase, wobei gleichzeitig bezeichnende spektrale Änderungen oberhalb 250 nm auftreten. Die Proteinabsorption in diesem Bereich wird fast ausschließlich durch die Aminosäuren Tyrosin und Tryptophan hervorgerufen, alle anderen sind ohne oder nur von untergeordneter Bedeutung. Dem RNase-Molekül fehlt aber Tryptophan, so daß im Nativzustand allein das Tyrosin für die Absorption im genannten Bereich verantwortlich zu machen ist. Schon Barron et al. [17] sahen in ähnlichen spektralen Veränderungen verschiedener Proteine nach Röntgenbestrahlung den Ausdruck für Oxidationsvorgänge am Tyrosin. Welcher Art die entstehenden „Oxidationsprodukte" sind, konnte bis heute nicht geklärt werden. 3,4-Dihydroxyphenylalanin (= DOPA) scheidet sicherlich aus. Hierfür sprechen auch eigene Untersuchungen. Die Annahme, daß in unseren Versuchen tatsächlich Veränderungen am Tyrosin vor sich gegangen sind, wird durch das zwar modifizierte, aber doch dem Tyrosin ähnliche Spektrum und durch das für diesen Aminosäurerest charakteristische Verhalten bei spektralphotometrischer Titration unterstrichen. Zu dem gleichen Befund kamen auch McLaren und Luse [25] in ihrer umfangreichen Arbeit über die Wirkung ultravioletten Lichtes von 2537 Å. Andere Untersuchungen von Smith und Adelstein [19] an röntgenstrahlen-inaktivierter RNase machen das gleiche wahrscheinlich.

Die Modifikation einzelner Aminosäurereste führt zum völligen Verlust der natürlichen Konformation. Die mit der Erwärmung nativer RNase einhergehende Abnahme der Extinktion bei 287 nm ist Ausdruck der Entfaltung des Eiweißmoleküls, bei der im Innern des Moleküls nicht-kovalent gebundene chromophore Gruppen nach außen gelangen. Bei inaktivierter RNase kann dieser Vorgang nicht mehr beobachtet werden, woraus zu schließen ist, daß die durch Photolyse entstandenen Chromophoren nicht im Innern des Proteinmoleküls gelegen sind, ebenso alle evtl. unverändert gebliebenen Tyrosin-Reste.

Ihrer Ursache nach unklar bleiben die Veränderungen bestrahlter RNase nach zusätzlicher Erwärmung. Die seit langem bekannte Steigerung der Hitzelabilität [26] von Proteinen kann auf verschiedene Weise gedeutet werden. Luzikow [27], [28] postuliert, daß durch Bestrahlung Wasserstoffperoxid, Hydroperoxide oder stabile Radikale entstehen, die bei steigender Temperatur wirksam werden und eine schnelle Inaktivierung herbeiführen.

Andererseits kann der Grund dafür aber im Proteinmolekül selbst gesehen werden. Unter dem Einfluß von Strahlung lockert sich die natürliche Konformation von Eiweißen [3], [5], [18], [29]. Eine folgende Erwärmung wird zur Lösung einer wesentlich größeren Anzahl nicht-kovalenter Bindungen führen als beim intakten Molekül. Mit fortschreitender Moleküldeformation steigt der Grad der Irreversibilität jener Spaltungen. Ähnliche Vorstellungen entwickelten auch SMITH und ADELSTEIN [19]. Zur Klärung dieser Frage bedarf es weiterer Untersuchungen unter Berücksichtigung beider Gesichtspunkte.

Für vorbildliche technische Assistenz danke ich Frau D. BENENS

Literatur

[1] SPACKMAN, D. H., W. H. STEIN u. S. MOORE: Analytic. Chem. **30**, 1190 (1958).
[2] AUGENSTINE, L. G.: Advances in Enzymol. **24**, 359 (1962).
[3] STEVENS, C. O., B. M. TOLBERT u. F. E. REESE: Arch. Biochem. Biophysics **102**, 423 (1963).
[4] FUJOKA, H. u. K. IMAHORI: J. Biochemistry [Tokyo] **53**, 341 (1963).
[5] HAYDEN, G. A. u. F. FRIEDBERG: Radiat. Res. **22**, 130 (1964).
[6] SMYTH, D. G. u. D. F. ELLIOTT: Analyst **89**, 81 (1964).
[7] FERRINI, U.: Arch. Biochem. Biophysics **107**, 126 (1964).
[7a] RAY, W. J. u. D. E. KOSHLAND: Brookhaven Symp. Biol. **13**, 135 (1960).
[8] BOYER, P. D.: J. Amer. chem. Soc. **76**, 4331 (1954).
[9] SETLOW, R. D. u. B. DOYLE: Arch. Biochem. Biophysics **42**, 83 (1953).
[10] ODELL, W. D., R. SWAIN u. M. NYDIK: J. clin. Endocrinol. Metabolism **24**, 1266 (1964).
[11] ODELL, W. D. u. W. E. PAUL: J. biol. Chemistry **240**, 2043 (1965).
[12] HUTCHINSON, F.: Radiat. Res. **1**, 43 (1954).
[13] SLAYTER, H. S. u. C. E. HALL: J. molecular Biol. **8**, 593 (1964).
[14] KUMTA, V. S. u. A. L. TAPPEL: Nature [London] **191**, 1304 (1961).
[15] SLOBODIAN, E., M. FLEISHER, W. NEWMAN u. S. RUBENFELD: Arch. Biochem. Biophysics **97**, 59 (1962).
[16] UKITA, T. u. K. WAKU: J. Biochemistry [Tokyo] **55**, 420 (1964).
[17] BARRON, G., J. AMBROSE u. P. JOHNSON: Radiat. Res. **2**, 145 (1955).
[18] WILLIAMS, J. F. u. J. W. HUNT: Nature [London] **200**, 779 (1963).
[19] SMITH, T. W. u. S. J. ADELSTEIN: Radiat. Res. **24**, 119 (1965).
[20] AQVIST, S. E. G. u. C. B. ANFINSEN: J. biol. Chemistry **234**, 1112 (1959).
[21] HIRS, C. H. W., S. MOORE u. W. H. STEIN: J. biol. Chemistry **200**, 493 (1953).
[22] ANFINSEN, C. B., R. R. REDFIELD, W. L. CHOATE, J. PAGE u. W. R. CAROLL: J. biol. Chemistry **207**, 201 (1954).
[23] IHLN, A.: Probleme und Ergebnisse aus Biophysik und Strahlenbiologie **2**, 148 (1960).
[24] TANFORD, CH., J. D. HAUENSTEIN u. D. G. RANDS: J. Amer. chem. Soc. **77**, 6409 (1955).
[25] McLAREN, A. D. u. R. A. LUSE: Photochem. Photobiol. **2**, 343 (1960).
[26] McLAREN, A. D.: Enzymologia [Den Haag] **18**, 81 (1957).
[27] LUZIKOW, W. N. u. E. B. BURLAKOWA: Ber. Akad. Wiss. SSSR **155**, 1205 (1964).
[28] LUZIKOW, W. N.: Radiobiologija **5**, 11 (1965).
[29] DIEU, H. A. u. V. DESREUX: J. gen. Physiol. **4**, 179 (1962).

Summary

H.-G. Mueller: Ribonuclease A after UV irradiation ($\lambda = 254$ nm): spectral properties

Monochromatic UV light at a wave length of 254 nm was found to lower the enzymatic activity of ribonuclease, at the same time increasing the UV absorption between 240 and 400 nm. Thermostability of the RNase is also reduced with increasing light inactivation and the natural conformation gets lost. Irradiation produces a modified side chain which may be titrated in a similar way as tyrosine.

Резюме

Х.-Г. Мюллер: Рибонуклеаза А после облучения ультравиолетовым светом ($\lambda = 254$ nm): спектральные качества

Под влиянием монохроматического ультрафиолетового света длиной волн 254 nm уменьшается энзиматическая активность рибонуклеазы с одновременным увеличением УВ поглощения между 240 и 400 nm. С увеличением световой инактивации уменьшается и термостойкость РНазы и естественная конформация утрачивается. В результате облучения возникает измененная боковая цепь, которую можно титровать подобно тирозину.

Acta biol. med. german., Band 16, Seite 474—479 (1966)

Aus dem Physiologisch-chemischen Institut der Karl-Marx-Universität Leipzig
(Kommiss. Direktor: Doz. Dr. W. Rotzsch)

Ausscheidung von Dimethylamin unter Zufuhr methylierter Stickstoffverbindungen

R. Dargel

(Eingegangen am 2. 12. 1965)

Zusammenfassung

Kaninchen scheiden im Harn DMA in einer durchschnittlichen Tagesmenge von 3,2 mg aus. Zufuhr von DMA verursacht eine hohe Steigerung der DMA-Ausscheidung.
TMA bedingt eine geringe, TMO eine deutliche Erhöhung der DMA-Ausscheidung.
Zufuhr von Carnitin erhöht weder bei Kaninchen noch beim Menschen die DMA-Ausscheidung.

Flüchtige biogene Amine sind schon des öfteren im Tierkörper und seinen Ausscheidungen nachgewiesen worden [1], [2]. Unter ihnen interessierte uns besonders das Dimethylamin, weil es in verhältnismäßig reichlichen Mengen im Harn ausgeschieden wird. Seine Entstehungsweise ist nicht gesichert, doch wird angenommen, daß es aus Trimethyl-N-Verbindungen durch Entmethylierung entsteht. Bei unseren Untersuchungen über den Abbau des Carnitins, das die Bildung von Trimethylamin und seinem Oxid beeinflußt [3], [4], vermuteten wir, daß ein Teil dieser Stoffe vom Körper demethyliert wird. Wir untersuchten deshalb die Ausscheidung von Dimethylamin im Harn bei Zufuhr einiger Trimethyl-Stickstoff-Verbindungen.

Methodik

Das (—)-Carnitin wurde synthetisch gewonnen [5] und als freies Betain verabreicht. TMA wurde nach Adams und Marvel [6], TMO entsprechend den Angaben von Dunstan und Goulding [7] dargestellt. Beide Amine wurden als Hydrochloride verabreicht. DMA gewannen wir aus käuflicher Dimethylaminlösung.
Die Versuchstiere waren 5 Kaninchen (I—V) mit Gewichten zwischen 3 und 3,8 kg. Sie wurden 8 Tage vor Versuchsbeginn in Stoffwechselkäfige gesetzt. Während der gesamten Versuchsperiode erhielten sie täglich 250 g Kleie-Kartoffelfutter und 100 g Mohrrüben. Der spontan entleerte Urin wurde in täglichen Perioden gesammelt; nur

Abkürzungen: TMA = Trimethylamin; TMO = Trimethylaminoxid; DMA = Dimethylamin; G-T = Gesamttrimethylamin

in vereinzelten Fällen mußten die Tiere katheterisiert werden. Der Tagesharn wurde in Behältern mit Schwefelsäure aufgefangen, so daß der *p*H-Wert niemals 3 überschritt. Die jeweils angegebenen Substanzen wurden einmal täglich mittels Magensonde zugeführt.

DMA wurde nach dem von uns gering modifizierten Verfahren von DOWDEN [8] bestimmt. 0,2–0,5 ml des filtrierten Urins wurden im Mischzylinder mit dest. Wasser auf 10 ml aufgefüllt. Nach Zugabe von 1 ml Cu-Reagenz wurde mit 10 ml einer Lösung von 5% Schwefelkohlenstoff in Benzol überschichtet. Das Reaktionsgemisch wurde 15 min bei 40 °C im Wasserbad gehalten, anschließend 3 min geschüttelt, dann 1 ml 30%ige Essigsäure zugegeben und erneut 3 min geschüttelt. 20 min später wurde die obere Phase abgehebert und zentrifugiert, um die Benzolschicht zu klären. 40 min nach Beendigung des Schüttelns wurde im Spektralphotometer bei 440 nm abgelesen.

Während tertiäre Amine nicht mit Schwefelkohlenstoff reagieren, bilden primäre Amine den Dithiokarbamatkomplex mit Cu, allerdings beträgt die Farbintensität der Verbindungen nur ein Hundertstel verglichen mit der der sekundären Amine [9]. Da im Harn neben DMA weitere sekundäre Amine auftreten können [10], sicherten wir papierchromatographisch [11], [12], daß es sich bei dem ausgeschiedenen Amin um DMA handelt.

TMA, TMO und G-T wurden nach einer früher ausführlich beschriebenen Methode bestimmt [3].

Ergebnisse

Bei fünf Kaninchen bestimmten wir mehrere Tage lang die tägliche Ausscheidung von DMA. Aus 37 Tageswerten ergab sich die durchschnittliche Ausscheidung von 1,0 mg DMA-N/Tag mit einer Standardabweichung $s = \pm 0{,}35$.

In Abbildung 1 wird die DMA-Ausscheidung nach Zufuhr von 3mal 29,2 mg DMA dargestellt. Schon am ersten Tage werden 86% bzw. 54% ausgeschieden, wenn man die durchschnittliche Normalausscheidung der 3tägigen Vorperiode in Abzug bringt. Am folgenden Tage beträgt die Ausscheidung 84% bzw. 88%, am 3. Tage 76% und 68%.

Den gleichen Kaninchen wurde zwei Wochen später an 3 Tagen Carnitin (14 mg N/kg/Tag) peroral verabreicht (Tab. 1). Die Ausscheidung von DMA wird durch dieses Trimethylbetain nicht erhöht. Auffällig ist dagegen eine Senkung der Ausscheidung von DMA auf 0,3 bzw. 0,2 mg N am

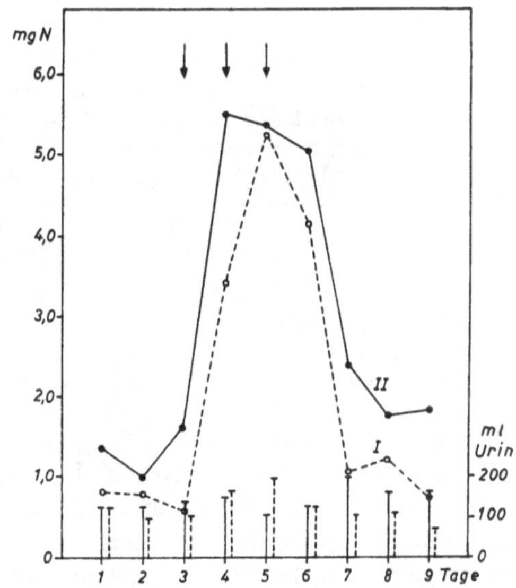

Abb. 1. DMA-N-Ausscheidung nach peroraler Gabe (↑) von DMA-Hydrochlorid (29,15 mg/Tag)

Tage nach der letzten Carnitinzufuhr. An den folgenden Tagen steigen die Ausscheidungen wieder auf Normalwerte an. Eine bloße Harnretention ist nicht als Ursache für die vorübergehende Senkung der Ausscheidung von

Tabelle 1

Dimethylamin-N-Ausscheidung nach peroraler Verabreichung von Carnitin. (14 mg Carnitin-N/kg/Tag. Kaninchen I = 483,6 mg Carnitin; Kaninchen II = 543,2 mg Carnitin)

Versuchstage	Zufuhr von Carnitin	I		II	
		Harnmenge [ml]	DMA-N [mg]	Harnmenge [ml]	DMA-N [mg]
1	−	80	1,2	195	1,6
2	−	85	1,4	40(?)	0,4
3	+	115	1,5	110	0,8
4	+	30(?)	0,4	80	0,8
5	+	100	1,2	160	1,1
6	−	190	0,3	95	0,2
7	−	90	1,4	40	0,5
8	−	115	1,4	115	0,8
9	−	140	1,0	100	0,8

DMA anzusehen. Um zu klären, ob im menschlichen Organismus DMA als Abbauprodukt des Carnitins entsteht, verabfolgten wir 3 gesunden Versuchspersonen, die sich während der gesamten Versuchsperiode bei sonst normaler Kost fischfrei ernährten, über mehrere Tage Carnitin und verfolgten die DMA-Ausscheidung im Harn (Tab. 2). Signifikante Änderungen konnten nicht beobachtet werden.

Tabelle 2

Tages-Ausscheidung von DMA [mg] bei 3 männlichen Versuchspersonen von 30 Jahren.

Während der Hauptperiode werden täglich 1,0 g (−)-Carnitin in 3 Portionen verabreicht. VP 1 = 12 Tage; VP 2 und 3 = 14 Tage. Dauer der Vorperiode 5 Tage, der Nachperiode 3 Tage

	Versuchspersonen		
	1	2	3
Vorperiode	20,0 ± 4,8	23,1 ± 2,7	25,5 ± 1,3
Hauptperiode	20,2 ± 3,9	28,0 ± 5,7	26,6 ± 3,9
Nachperiode	19,2 ± 2,2	21,9 ± 1,3	23,2 ± 3,7

Tabelle 3 zeigt die Ausscheidungen von DMA, TMA und TMO nach Verabreichung von TMA. Während Tier III eine geringe, aber gleichbleibende Erhöhung der Ausscheidung von DMA aufweist, ist sie beim Tier IV schwankend und niedriger. Die Ausscheidungen von TMO sind wesentlich angestiegen. Bei Tier IV ist sowohl die Ausscheidung von TMA als auch die

Tabelle 3

Dimethylamin-Ausscheidung nach Zufuhr von TMA (14 mg N/kg/Tag)

Versuchs-tage	Zufuhr von TMA-N	Tier III				Tier IV			
		Harnmenge [ml]	DMA-N [mg]	TMA-N [mg]	TMO-N [mg]	Harnmenge [ml]	DMA-N [mg]	TMA-N [mg]	TMO-N [mg]
1 – 5	–	90 – 210	0,9 ± 0,3	0,1	0,5 ± 0,3	120 – 190	0,8 ± 0,4	0,1	0,7 ± 0,3
6	+	80	0,7	4,2	15,4	110	0,4	3,0	11,4
7	+	250	3,0	1,7	15,5	130	1,3	2,5	14,7
8	+	155	2,3	2,8	26,6	80	0,7	1,5	8,9
9	+	200	2,2	1,8	24,6	240	2,5	1,7	22,3
10	+	140	2,8	1,5	18,3	155	1,7	1,2	15,6
11	+	200	2,9	2,1	19,7	100	0,9	0,8	19,5
12	–	185	2,9	0,1	0,5	90	0,6	0,2	0,9
13	–	170	1,2	0,0	0,5	90	0,7	0,0	0,4
14	–	205	1,0	0,1	0,3	130	0,8	0,1	0,6
15	–	120	0,9	0,0	0,2	135	0,8	0,1	0,1
16	–	185	0,7	0,0	0,6	185	1,1	0,0	0,5

Tabelle 4

Ausscheidung von DMA und G-T nach Zufuhr von TMO (14 mg N/kg/Tag)

Versuchs-tage	Zufuhr von TMO-N	Tier III			Tier IV			Tier V		
		Harnmenge [ml]	DMA-N [mg]	G-T-N [mg]	Harnmenge [ml]	DMA-N [mg]	G-T-N [mg]	Harnmenge [ml]	DMA-N [mg]	G-T-N [mg]
1 – 3	–	185 – 215	0,8 ± 0,2	0,5 ± 0,2	150 – 180	0,8 ± 0,2	0,7 ± 0,2	105 – 180	0,9 ± 0,2	0,5 ± 0,2
4	+	120	3,3	27,1	170	5,4	28,1	105	4,9	22,3
5	+	140	4,8	19,5	30(?)	0,9	10,2	120	3,2	25,7
6	+	110	3,9	15,0	90	5,2	30,5	170	4,4	12,2
7	+	155	2,1	19,2	150	2,2	30,0	290	7,2	31,8
8	–	100	1,2	2,1	105	0,7	2,8	110	0,9	4,2
9	–	150	0,8	0,5	100	0,9	1,7	140	1,3	1,2
10	–	140	0,9	0,7	130	1,1	1,2	200	0,9	0,8

von TMO niedriger als bei Tier III. Bei peroraler Zufuhr von TMO (Tab. 4) steigt am ersten Tage die Ausscheidung von DMA auf das 3½- bis 5½fache an. Nach Beendigung der TMO-Zufuhr sinkt die Ausscheidung von DMA wieder auf Normalwerte ab. Die Ausscheidung von G-T beträgt etwa 40—60% der täglich zugeführten Menge.

Diskussion

Kaninchen von 3 kg Gewicht scheiden bei einer Kartoffel-Kleie-Diät durchschnittlich 3,2 mg DMA pro Tag aus. Zufuhr von DMA erhöht die Ausscheidung wesentlich; das Abbauvermögen des Tierkörpers ist gering. Am Tage nach der letzten DMA-Zufuhr waren von den insgesamt 87,6 mg DMA 90% bzw. 64% wieder ausgeschieden. Eine wesentliche Akkumulation des DMA findet somit nicht statt. Die Ausscheidung ist unabhängig von den täglichen Harnmengen.

Führt man TMA zu, so wird die Ausscheidung von DMA nur mäßig erhöht. TMA wird demnach nur schwer zu DMA demethyliert, während TMO deutlich vermehrt ausgeschieden wird. Die Summe von DMA, TMA und TMO erreicht einen hohen Prozentsatz des zugeführten TMA.

Unsere Befunde nach Zufuhr von TMO stehen im Gegensatz zu Ergebnissen von Müller [13] an Hunden, die keine vermehrte DMA-Ausscheidung nach Verabreichung der quartären N-Verbindung aufwiesen. Da TMA vom Kaninchen nur in geringem Ausmaße zu DMA entmethyliert wird, sprechen unsere Befunde dagegen, daß zugefügtes TMO zunächst reduziert und anschließend durch eine Monoaminoxidase [14] zu Di- und Monomethylamin abgebaut wird. Über den Abbauweg des TMO zu DMA sollen weitere Versuche mit ^{15}N markierten Verbindungen Aufschluß geben. Daß aus in vivo gebildetem TMO geringere Mengen DMA als nach Verfütterung dieser Verbindung entstehen (Tab. 3, 4), führen wir auf die Überschwemmung des Körpers mit dem Trimethyl-N-Derivat nach peroraler Verabreichung zurück.

Ursache für die unterschiedlichen Ausscheidungen von DMA nach der Zufuhr von TMA oder TMO könnte auch sein, daß die renale Ausscheidung des DMA durch die beiden Amine direkt beeinflußt wird, wie es in umgekehrter Weise für die tubuläre Rückresorption des TMO nach DMA-Gabe beschrieben wurde [15].

Die DMA-Ausscheidung nach Carnitin-Zufuhr ist weder beim Menschen noch beim Kaninchen deutlich erhöht. Auch hier führt also das endogen gebildete TMO [4] nicht zu einer vermehrten Bildung von DMA.

Literatur

[1] Rechenberger, J.: Hoppe-Seyler's Z. physiol. Chem. **265**, 275 (1940).
[2] Brieger, L.: Ptomaine **3** (1886).
[3] Bemm, H. u. W. Rotzsch: Acta biol. med. german. **9**, 664 (1962).
[4] Strack, E., H. Bemm u. W. Rotzsch: Acta biol. med. german. **11**, 14 (1963).
[5] Strack, E. u. I. Lorenz: Hoppe-Seyler's Z. physiol. Chem. **318**, 129 (1960).

[6] ADAMS, R. u. C. S. MARVEL: Organic Synthesis, Collective Vol. I (New York), 1958.
[7] DUNSTAN, W. R. u. E. GOULDING: J. chem. Soc. [London] **75**, 1005 (1899).
[8] DOWDEN, H. C.: Biochem. J. **32**, 455 (1938).
[9] UMBREIT, G. R.: Analytic. Chem. **33**, 1573 (1961).
[10] RHEENEN, D. L. VAN: Nature [London] **193**, 170 (1962).
[11] MÜLLER, H. u. I. IMMENDÖRFER: Hoppe-Seyler's Z. physiol. Chem. **275**, 267 (1942).
[12] STEINER, M. u. E. STEIN v. KAMIENSKI: Naturwissenschaften **40**, 483 (1953).
[13] MÜLLER, M.: Hoppe-Seyler's Z. physiol. Chem. **266**, 205 (1940).
[14] DIHLMANN, W.: Wiss. Z. Friedrich-Schiller-Univ. Jena, math.-naturwiss. R. **3**, 369 (1953/54).
[15] COHEN, J. J., M. A. KRUPP, CH. A. CHIDSEY u. CH. I. BILTZ: Amer. J. Physiol. **196**, 93 (1959).

Summary

R. DARGEL: Excretion of dimethylamine under the supply of methylated nitrogen compounds

Rabbits are excreting by urine DMA at an average daily rate of 3,2 mg. Supply of DMA leads to a high increase of DMA excretion.
TMA causes a low, and TMO a marked increase of DMA excretion. Administration of carnitine increases the DMA excretion neither in rabbits nor in humans.

Резюме

Р. Даргель: Выделение диметиламина при введении метилированных азотистых соединений

Кролики выделяют с мочой ДМА в количестве примерно 3,2 мг в день. Введение ДМА вызывает резкое повышение выделения ДМА. ТМА вызывает небольшое, а ТМО — выраженное повышение выделения ДМА.
Введение карнитина не повышает выделение ДМА ни у кроликов, ни у человека.

Acta biol. med. german., Band 16, Seite 480—484 (1966)

Aus dem Institut für Veterinär-Physiologie der Humboldt-Universität zu Berlin
(Direktor: Prof. Dr. L. Lyhs)

Nachweis gebundener Askorbinsäure in Rattengehirnen

M. Nichelmann, R. Glowatzki und A. Kemper

(Eingegangen am 5. 12. 1965)

Zusammenfassung

Es wurde festgestellt, daß die Globulinfraktion der Zytoplasmalösung von Rattengehirnen gebundene Askorbinsäure enthält.
Die Askorbinsäure wurde mit 2 verschiedenen papierchromatographischen Methoden und durch Kupplung mit 2,4-Dinitrophenylhydrazin nachgewiesen. Die Versuche zeigen, daß die in den Überständen nach Eiweißfällung mit der Osazonmethode enthaltenen Extinktionen nicht von der Askorbinsäure herrühren, so daß Mitschleppen und Einschluß von freier Askorbinsäure infolge Adsorption oder Koagulation beim Ausfällen der Eiweiße ausgeschlossen waren.

Aus verschiedenen Beobachtungen geht hervor, daß eine enge Beziehung zwischen der Askorbinsäurekonzentration und dem Funktionszustand einiger Organe, besonders des Gehirns [1]—[4], besteht. Die beobachtete rasche Änderung der Askorbinsäure(AS)-Konzentration in Abhängigkeit vom Funktionszustand des Organs wird durch Bindung der AS an Strukturelemente (eventuell Eiweiße) bzw. durch Freisetzung aus der Bindung erklärt [1], [2], [4]. Über den Nachweis einer gebundenen AS im Gehirn gibt es in der Literatur wenig Hinweise [5], gegen die außerdem noch verschiedene Einwände bestehen [7]. Es wurde versucht, unter Berücksichtigung der für den Nachweis der gebundenen Form der AS im Lebergewebe von Ratte und Meerschweinchen aufgestellten Bedingungen [8], [9] mit der für dieses Gewebe angewandten Methode eine gebundene Form der AS im Gehirn von Albinoratten nachzuweisen.

Material und Methodik

Albinoratten beiderlei Geschlechts und verschiedenen Gewichts (150—250 g) wurden ohne Betäubung mit einem schnellen Scherenschlag dekapitiert, das Gehirn sofort aus der Schädelkapsel entnommen, bis nahe dem Gefrierpunkt abgekühlt, gewogen und vor dem Homogenisieren in eiskalter 0,25 M Saccharoselösung gewaschen, um Blutreste abzuspülen. Zur Darstellung der Zytoplasmafraktion sowie zur Abtrennung der frei im Gewebe vorkommenden AS wurde wie beim Nachweis gebundener AS im Lebergewebe verfahren [8], [9]. Auf Grund des hohen Lipoidgehaltes des Gehirns (½ des Trockengewichtes) [10] und des relativ geringen Proteingehaltes (8—9% des Trockengewichtes, 1—2% Globuline) [11] blieb nach Butanolbehandlung (teilweise

Denaturierung) der leicht opaleszierenden, schwach trüben Zytoplasmalösung eine zu stark verdünnte Eiweißlösung zurück, die für weitere Umfällungen ungeeignet war. Die Globulinfraktion wurde deshalb aus der schwach trüben Zytoplasmalösung durch Halbsättigung mit Ammoniumsulfat gefällt, der abgetrennte Eiweißniederschlag in Veronalpuffer wieder aufgelöst und die Umfällung noch 2mal wiederholt. Der Niederschlag wurde in wenig Wasser gelöst und die Eiweiße gefällt mit a) 2%iger Metaphosphorsäure für die Osazonmethode, b) 10%iger Trichloressigsäure für die Papierchromatographie. Danach wurde zentrifugiert und der Niederschlag 2mal mit Wasser gewaschen. Die Hydrolyse wurde in CO_2-Atmosphäre auf siedendem Wasserbad durchgeführt. Die Hydrolysezeit betrug 10—15 min. Für die Osazonmethode wurde 5%ige Metaphosphorsäure und die für papierchromatographische Bestimmung 10%ige Trichloressigsäure, n/10 Oxalsäure (1:6 verdünnt) und Aqua bidest. (1:1:1) zur Hydrolyse verwendet.

Zum speziellen Nachweis der AS in den sauren Hydrolysaten der Eiweißniederschläge dienten folgende Methoden:

1. papierchromatografische Trennung:

a) Laufflüssigkeit Butanol:Eisessig:Wasser 4:1:5; Detektionsmittel: Dichlorphenolindophenol (DPI) [12].

b) Laufflüssigkeit Oxalsäure (2%ig):Butanol 3:2; Detektionsmittel: Molybdänreagens [13].

2. Kupplung mit 2,4-Dinitrophenylhydrazin in saurer Lösung bei 37 °C [8] (unter Berücksichtigung der von Roe [15] gegebenen Hinweise).

Ergebnisse

In den Hydrolysaten der Eiweißniederschläge konnte mit allen drei angewandten Methoden AS nachgewiesen werden. Die Osazonmethode ergab meßbare Extinktionen. Bei beiden papierchromatografischen Methoden lagen die Flecken der Untersuchungslösung genau in Höhe der AS-Kontroll-Lösung.

Die bisher mit dieser Methode durchgeführten Untersuchungen zeigten, daß die vom Eiweißniederschlag mitgeschleppte freie AS durch das Umfällungs-Verdünnungsprinzip quantitativ entfernt werden konnte. Eine Kontrolle bietet die AS-Bestimmung mit 2,4-Dinitrophenylhydrazin in den Überständen der jeweiligen Umfällung. Die Extinktionen dieser behandelten Überstände gingen bei der Umfällung der Gehirneiweiße nicht wie bei Behandlung der Lebereiweiße auf Null zurück. Nach der 3. und 4. Eiweißumfällung zeigten die Überstände einen konstanten Extinktionswert (s. Tab. 1—3) (evtl. lagen die Extinktionswerte des 4. Überstandes sogar etwas höher als die des 3.).

Die Tatsache des Gleichbleibens der Extinktionen des 3. und 4. Überstandes, obwohl die aus Überstand 3 ausgefällten Eiweiße nochmals gelöst und wiederum ausgefällt wurden (Verdünnung der evtl. eingeschlossenen freien AS), ließ vermuten, daß es sich bei der extinktionsgebenden Substanz nicht um AS handelt. Einen Beweis für die Richtigkeit dieser Vermutung lieferten folgende Versuchsergebnisse:

1. Die Extinktionen der mit 2,4-Dinitrophenylhydrazin versetzten AS-Lösungen gehorchen dem Lambert-Beerschen Gesetz, d. h. die Extinktio-

nen sinken proportional der Verdünnung ab [15]. Tabelle 1 zeigt, daß die Extinktionen der Überstände 2—4 trotz steigender Verdünnung gleich bleiben.

Tabelle 1

Überstand	Extinktion	Extinktion nach Verdünnung 1:1	1:2	1:3
2	0,05	0,054	0,05	0,061
3	0,015	0,025	0,022	0,026
4	0,010	0,018	0,016	0,021
AS-Lösung				
1 mg%ig	0,300	0,163	0,107	
0,5 mg%ig	0,155	0,073	0,052	

Tabelle 2

Überstand	Extinktion	Extinktion nach 25 min Kochen, *p*H 7—8
2	0,050	0,040
3	0,015	0,011
4	0,010	0,010

2. AS wird in Lösung durch Erhitzen im alkalischen Milieu sehr leicht zerstört. Die Extinktionen der Überstände blieben trotz 25minütigem Kochen bei *p*H 7—8 konstant (Tab. 2), obwohl die zum Überstand zugesetzte AS schon nach 5 min Kochen bei *p*H 3—4 zerstört war (Tab. 3).

Tabelle 3

Überstand	Extinktion	Extinktion, Überstand + AS-Zusatz	Extinktion, Überstand + AS-Zusatz 5 min gekocht bei *p*H 3—4
2	0,08	0,14	0,78
3	0,037	0,11	0,05
4	0,054	0,14	0,05

Zu entfernen war die extinktionsgebundene Substanz nur durch einmaliges Ausschütteln der Überstände mit n-Butanol (Tab. 4).

Tabelle 4

Extinktionen $Ü_3$	$Ü_4$	$Ü_5$	Bemerkungen
0,010	0,006	0,005	AS-Bestimmung
0,005	0	0	nach Ausschütteln mit n-Butanol

Da es sich bei den Überständen um konzentrierte Salzlösungen handelt, war eine papierchromatographische Auftrennung nicht möglich. Eine vorhergehende Dialyse schien wegen der damit verbundenen Zerstörung der, wenn überhaupt, dann nur in geringen Konzentrationen vorhandenen AS nicht ratsam. Eine auch unter den vorliegenden Bedingungen anwendbare und trotzdem spezifische Nachweismethode für AS stellt das von STROHECKER jr. und PIES [16] beschriebene Verfahren dar. Danach wird das nach Kupplung mit 2,4-Dinitrophenylhydrazin bei 37 °C erhaltene Reaktionsprodukt filtriert, in Äthylazetat gelöst und mit Hilfe der Dünnschichtchromatographie an Kieselgel in einer Mischung von Chloroform/Äthylazetat getrennt. Das 2,4-Dinitrophenylhydrazon der AS ergibt einen deutlichen ziegelroten Flecken mit einem Rf von 0,23—0,24 (Angabe von STROHECKER jr. 0,25). Wurden die Überstände von der letzten Ammonsulfatfällung (3. Überstand) und nach der Fällung aus der wäßrigen Lösung mit Trichloressigsäure (4. Überstand) auf diese Weise untersucht, so waren in Höhe der Kontroll-AS keinerlei Flecken sichtbar; es traten jedoch bei allen Proben gelbe und z. T. bräunliche Flecken mit einem Rf von 0,84—0,86 auf. Das Chromatogramm vom Hydrolysat des Eiweißniederschlages zeigte einen deutlichen ziegelroten Flecken des AS-Osazons. Da in den zu untersuchenden Lösungen nur niedrige AS-Konzentrationen zu erwarten waren, wurde mit geringeren Verdünnungen als von STROHECKER jr. angegeben gearbeitet. Aus den Beobachtungen geht hervor, daß die in den Überständen vorhandene Substanz keine AS sein kann.

Diskussion

Nach MORTON [17] ist n-Butanol allein fähig, Lipoide genügend zu entfernen. Es ist anzunehmen, daß die in den Überständen auftretenden Extinktionen auf das Vorhandensein von Lipoiden zurückzuführen sind (hoher Lipoidgehalt der Gehirne). Bei der Umfällung von Lebergewebe konnten diese störenden Substanzen durch die Butanolbehandlung der Zytoplasmalösung entfernt werden. Wie die angeführten Versuche zeigen, wurden die der Hydrolyse unterworfenen Eiweiße aus AS-freien Lösungen ausgefällt. Mitschleppen und Einschluß von freier AS waren infolge Adsorption oder Koagulation also ausgeschlossen. Der Nachweis von AS im Eiweißhydrolysat mit den spezifischen papierchromatografischen Methoden läßt die Schlußfolgerung zu, daß auch die Globulinfraktion der Zytoplasmalösung von Rattengehirnen gebundene AS enthält.

Literatur

[1] UTEWSKIJ, A. M.: Vitamine. Verlag der Akademie der Wissenschaften der Ukrain. SSR, Kiew 1953.
[2] KASTSCHEWSKAJA, L. A.: Bull. exp. Biol. Med. [UdSSR] **37**, 37 (1954).
[3] NIKOLOV, N. A., J. P. MITEV u. M. S. MARISANOVA: Ber. med. Inst. Bulg. Akad. Wissenschaft **13**, 213 (1957).
[4] LYHS, L.: Habilitationsschrift, Berlin 1963.

[5] GUHA, B. C. u. V. SEN-GUPTA: Nature [London] **141**, 974 (1938).
[6] TONUTTI, E.: Z. mikroskop. anatom. Forsch. **42**, 221 (1937).
[7] KEMPER, A.: Nahrung **7**, 449 (1963).
[8] KEMPER, A.: Acta biol. med. german. **11**, 151 (1963).
[9] TOHTZ, A. u. A. KEMPER: Acta biol. med. german. **12**, 365 (1964).
[10] KLENK, E.: 3. Colloquium der Ges. für Physiol. Chemie April 1952. Berlin, Springer-Verlag 1952, S. 27.
[11] RICHTER, D.: Metabolism of the nervous system. Pergamon Press 1957.
[12] HEIMANN, W., R. STROHECKER u. F. MATT: Z. Lebensmittel-Unters. u. -Forsch. **97**, 263 (1953).
[13] HEIMANN, W., R. STROHECKER u. F. MATT: Z. analyt. Chem. **143**, 381 (1954).
[14] SCHWARTZ, M. A. u. J. N. WILLIAMS JR.: Proc. Soc. exp. Biol. Med. **88**, 136 (1955).
[15] ROE, J.: J. biol. Chemistry **236**, 1611 (1961).
[16] STROHECKER, R. jr. u. H. PIES: Z. Lebensmittel-Unters. u. Forsch. **118**, 394 (1962).
[17] MORTON, R. K.: Nature [London] **166**, 1092 (1950).

Summary

M. NICHELMANN, R. GLOWATZKI and A. KEMPER: Detection of bound ascorbic acid in rat brains

The globulin fraction of the cytoplasma solution of rat brains was found to contain bound ascorbic acid. The ascorbic acid was detected by 2 paperchromatographical methods and by coupling with 2,4-dinitrophenylhydrazine. The experiments show that the extinctions obtained in the supernatants after albumin precipitation by the osazone method are not being caused by the ascorbic acid so that uptake and inclusion of free ascorbic acid due to adsorption or coagulation during precipitation of the albumins could be excluded.

Резюме

М. Нихельманн, Р. Гловатцкий и А. Кемпер: Определение связанной аскорбиновой кислоты в мозгах крыс

Было установлено, что глобулиновая фракция раствора цитоплазмы мозгов крыс содержит связанную аскорбиновую кислоту. Наличие аскорбиновой кислоты было показано по двум методом хроматографии на бумаге, а также путем сопряжения с 2,4-динитрофенилгидразином. Опыты показывают, что во всплывающих слоях экстинкции, полученные после осаждения белка по озазонному методу, не были обусловлены аскорбиновой кислотой, так что включение свободной аскорбиновой кислоты вследствие адсорбции или коагуляции при осаждении белков можно было исключить.

Acta biol. med. german., Band 16, Seite 485—495 (1966)

Aus dem Institut für Pharmakologie und Toxikologie der Humboldt-Universität zu Berlin (Direktor: Prof. Dr. F. JUNG)

Mechanismen der Bildung von Inosinmonophosphat im menschlichen Erythrozyten.

I. Eigenschaften der Adenylsäuredesaminase im menschlichen Erythrozyten

H. BANASCHAK

(Eingegangen am 24. 12. 1965)

Zusammenfassung

In menschlichen Hämolysaten werden die Eigenschaften einer Adenylsäuredesaminase untersucht. Das Enzym besitzt ein Aktivitätsoptimum bei *p*H 7,8 und 37 °C. Über einen allosterischen Effekt wird das Enzym durch sein eigenes Substrat sowie durch ADP und ATP aktiviert. Es ist abhängig von einwertigen Kationen sowie Anionen, die einen unterschiedlich aktivierenden Effekt aufweisen. Durch Phosphat wird das Enzym kompetetiv gehemmt; weitere Hemmstoffe sind Arsenat, Pyrophosphat sowie p-Chlormerkuribenzoat. Die MICHAELIS-MENTEN-Konstante wird im dialysierten Hämolysat zu $2{,}1 \cdot 10^{-3}$ Mol AMP/l bei *p*H 7,8 und 37 °C bestimmt. Die Adenylsäuredesaminaseaktivität im menschlichen Erythrozyten errechnet sich aus den Versuchen mit Hämolysaten zu ca. $2{,}5 \cdot 10^{-1}$ Mol AMP/l Zellen/Std.

Werden menschliche Erythrozyten einige Zeit in der Kälte gelagert, so kann in ihnen die Bildung einer deutlichen Menge IMP beobachtet werden [2]. Eine wesentlich stärkere IMP-Bildung findet in Hämolysaten menschlicher Erythrozyten statt, solange diese noch etwas ATP enthalten, wenn sie einige Stunden bei 37 °C inkubiert werden. Diese IMP-Bildung kann beträchtlich gesteigert werden, wenn den Hämolysaten Inosin oder Adenosin hinzugefügt wird.

In unseren Arbeiten über den Nukleotidstoffwechsel menschlicher Erythrozyten haben wir gefunden, daß drei voneinander abgrenzbare Reaktionswege zur Bildung von IMP in den Zellen führen:

a) die Adenylsäuredesaminasereaktion,
b) die Synthese von IMP aus ATP und Inosin nach phosphorolytischer Spaltung des Inosins,
c) die direkte Phosphorylierung des Inosins durch ATP über eine Inosinkinase.

Abkürzungen: AMP = Adenosinmonophosphat; ADP = Adenosindiphosphat; ATP = Adenosintriphosphat; IMP = Inosinmonophosphat; IDP = Inosindiphosphat; ITP = Inosintriphosphat; PP = anorg. Pyrophosphat; EDTA = Äthylendiamintetraazetat; JES = Jodessigsäure; pCMB = p-Chlormercuribenzoat; NEM = N-Äthylmaleinimid

In der vorliegenden Arbeit sollen zunächst die Eigenschaften der Adenylsäuredesaminase der Zellen beschrieben werden.
Eine Adenylsäuredesaminase ist zuerst von SCHMIDT [9] im Muskel beschrieben worden, und es wurden die Eigenschaften dieses Enzyms sowie Methoden zu seiner Isolierung beschrieben [4], [5], [8]. Von anderer Seite wurde eine Adenylsäuredesaminase im Gehirn [6], [7], [13], aber auch in der Leber, in verschiedenen Rattentumoren [10], sowie im Ziliarkörper und in der Chorioidea [11], [12] nachgewiesen. In menschlichen Erythrozyten hat ASKARI [1] eine Adenylsäuredesaminase gefunden und deren Aktivierbarkeit durch einwertige Kationen beschrieben.

Methodik

Unsere Untersuchungen wurden mit Hämolysaten und dialysierten Hämolysaten menschlicher Erythrozyten durchgeführt. Die Hämolysate wurden gewonnen, indem frische menschliche Erythrozyten, die mit 0,9%iger NaCl-Lösung plasmafrei gewaschen waren, mit 3—7 Vol. Triäthanolaminpuffer verdünnt und durch Zusatz von etwas Saponin lysiert wurden. Das Hämolysat wurde in der Kühlzentrifuge bei 30000 *g* für 30 min stromafrei zentrifugiert. Um den ATP-Gehalt des Hämolysats stark zu erniedrigen, wurden einzelne Proben vor dem Zentrifugieren unter Zusatz von JES in einer Konzentration von $5 \cdot 10^{-3}$ Mol/l über 2 Std. bei 37 °C inkubiert.
Zur Gewinnung von Dialysaten wurden die Zellen mit dem gleichen Volumen aqua dest. unter Zusatz von etwas Saponin hämolysiert, und diese Hämolysate dann nach Zusatz von Penizillin G für 4—6 Tage gegen aqua dest. im Kühlraum dialysiert. Die Stromata wurden im Anschluß daran abzentrifugiert und den Dialysaten Triäthanolaminpuffer bis zur gewünschten Verdünnung hinzugefügt.
Nach Zusatz der entsprechenden Substanzen wurden die Versuchsansätze bei 37 °C inkubiert; in bestimmten Zeitabständen wurden den Ansätzen Proben für die papierchromatografische Analyse entnommen.
Um den Rest an ATPase-Aktivität und Phosphatasen weitgehend zu hemmen, wurden den Ansätzen, wenn nicht anders angegeben, EDTA in einer Konzentration von $5 \cdot 10^{-3}$ Mol/l hinzugefügt.
Die Bestimmung des IMP erfolgte papierchromatografisch im Trichloressigsäureextrakt der entnommenen Proben unter Anwendung der von GERLACH et al. [3] angegebenen Lösungsmittelgemische. Die Flecken wurden unter einer UV-Lampe lokalisiert und mit 1 N HCl für 10 min bei 100 °C eluiert. Im Eluat wurde die IMP-Konzentration spektrofotometrisch bestimmt.
Der *p*H-Wert der Versuchsansätze wurde mit der Glaselektrode bestimmt und eingestellt.

Ergebnisse

Wird, wie in Abbildung 1 dargestellt, mit JES vorinkubiertes Hämolysat, das keinen spektrofotometrisch nachweisbaren ATP-Gehalt mehr aufweist, unter Zusatz von AMP bei 37 °C inkubiert, so läßt sich eine beträchtliche IMP-Bildung nachweisen. Diese IMP-Bildung ist unter diesen Versuchsbedingungen durch hinzugesetztes Inosin nicht zu steigern, so daß eine IMP-Bildung über einen anderen Weg als über die Adenylsäuredesaminase ausgeschlossen werden kann.
Die Adenylsäuredesaminaseaktivität zeigt eine charakteristische *p*H-Abhängigkeit mit einem *p*H-Optimum bei 7,8. In der Abbildung 2 ist diese *p*H-Abhängigkeit des Enzyms im Hämolysat dargestellt. In Abweichung von dem in der Methodik beschriebenen Verfahren wurde bei den der Kurve

zugrunde liegenden Versuchsansätzen das Hämolysat mit einem Zitrat-Triäthanolamin-Glyzin-Puffergemisch angesetzt und der gewünschte *p*H-Wert eingestellt. Die weiteren Versuche wurden im Aktivitätsoptimum bei *p*H 7,8 durchgeführt.

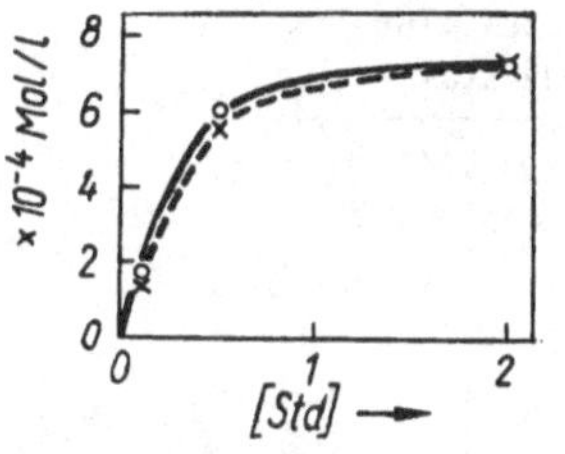

Abb. 1. IMP-Bildung im Hämolysat. 20%iges Hämolysat mit JES ($5 \cdot 10^{-3}$ Mol/l) bei 37 °C für 2 Std. vorinkubiert; Triäthanolaminpuffer *p*H 7,5; Inkubation bei 37 °C.
AMP = $2 \cdot 10^{-3}$ Mol/l; Inosin = 10^{-2} Mol/l; EDTA = $5 \cdot 10^{-3}$ Mol/l.
Ausgezogene Kurve: AMP; unterbrochene Kurve: AMP + Inosin

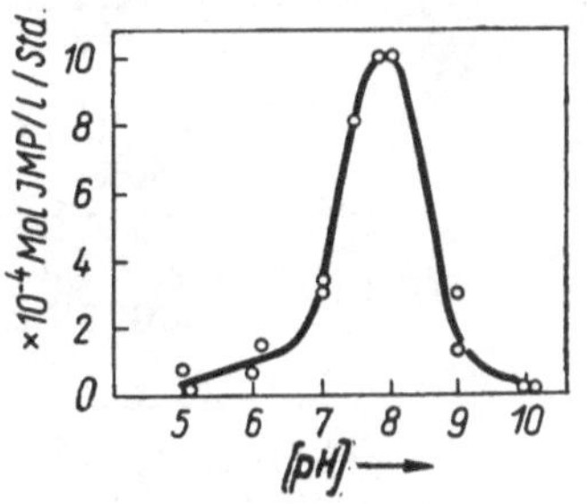

Abb. 2. *p*H-Abhängigkeit der Adenylsäuredesaminaseaktivität.
Zitrat-Triäthanolamin-Glyzin-Puffer.
KCl = $5 \cdot 10^{-2}$ Mol/l.
Versuchsansatz sonst wie in Abbildung 1

Bei dem Versuch, in mit JES vorinkubierten Hämolysaten die Abhängigkeit der IMP-Bildung von der AMP-Konzentration zu bestimmen, zeigte sich eine bei niederen AMP-Konzentrationen relativ zu geringe IMP-Bildung (Abb. 3), so daß sich die Michaelis-Menten-Konstante des Enzyms in diesen Versuchsansätzen nicht befriedigend bestimmen läßt. Dieser Befund legt die Deutung nahe, daß das Enzym durch sein eigenes Substrat aktiviert wird.

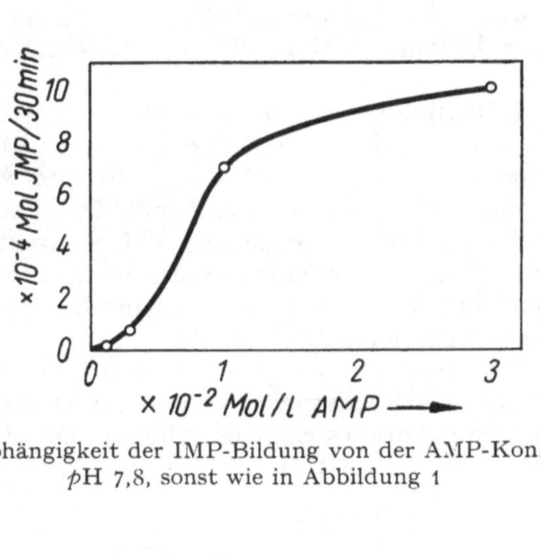

Abb. 3. Abhängigkeit der IMP-Bildung von der AMP-Konzentration. *p*H 7,8, sonst wie in Abbildung 1

Um diese Deutung zu überprüfen, haben wir in weiteren Versuchen, die mit Dialysaten durchgeführt wurden, den Einfluß einer Reihe von Purinbasen, Purin-Nukleosiden und -Nukleotiden auf die IMP-Bildung aus AMP geprüft (Tab. 1). Die Konzentration aller geprüften Substanzen betrug $5 \cdot 10^{-3}$ Mol/l, die AMP-Konzentration $2 \cdot 10^{-3}$ Mol/l.

Tabelle 1
Einfluß von Purinderivaten auf die Adenylsäuredesaminaseaktivität

Ansatz	gebildetes IMP/30 min [$\cdot 10^{-4}$ Mol/l] Versuch I	Versuch II
AMP	0,8	0,9
ATP	0,2	0,3
ADP	0,2	—
Adenosin	0	—
Inosin	0	—
AMP + ATP	4,6	9,9
AMP + ADP	9,9	13,5
AMP + Adenosin	0,7	1,0
AMP + Inosin	0,85	—
AMP + Guanosin	0,8	—
AMP + Adenin	0,7	—
AMP + Hypoxanthin	0,9	—

Dialysat, mit 5 Vol. Triäthanolaminpuffer *p*H 7,8 verdünnt.
AMP = $2 \cdot 10^{-3}$ Mol/l; Konzentration aller anderen Purinderivate = $5 \cdot 10^{-3}$ Mol/l. KCl = $5 \cdot 10^{-2}$ Mol/l; EDTA = $5 \cdot 10^{-3}$ Mol/l; $t = 37$ °C

Es zeigte sich, daß keine der geprüften Purinbasen und Nukleoside einen aktivierenden Effekt auf die Adenylsäuredesaminase ausübt; ATP und in noch stärkerem Maße ADP aktivieren jedoch das Enzym sehr stark. Eine Desaminierung von ATP und ADP zu ITP bzw. IDP haben wir nicht finden können.

Die geringfügige IMP-Bildung in den Ansätzen, denen lediglich ATP bzw. ADP zugesetzt wurde, ist darauf zurückzuführen, daß die von uns verwendeten ATP- und ADP-Präparate nicht ganz frei von AMP waren.

In weiteren Versuchsreihen, die ebenfalls mit Dialysaten durchgeführt wurden, haben wir den Einfluß steigender ATP-Konzentrationen auf die IMP-Bildung aus AMP über die Adenylsäuredesaminase untersucht (Abb. 4). Es zeigte sich, daß die Aktivierung des Enzyms bei einer ATP-Konzentration von 10^{-2} Mol/l ein Maximum erreicht.

Während eine Aktivierung des Enzyms nur durch die Adeninnukleotide stattfindet, zeigt sich Orthophosphat, und in etwas schwächerem Maße auch Arsenat, als Hemmstoff des Enzyms (Abb. 5). Die Hemmung beginnt bei einer Konzentration von ca. $3 \cdot 10^{-3}$ Mol/l.

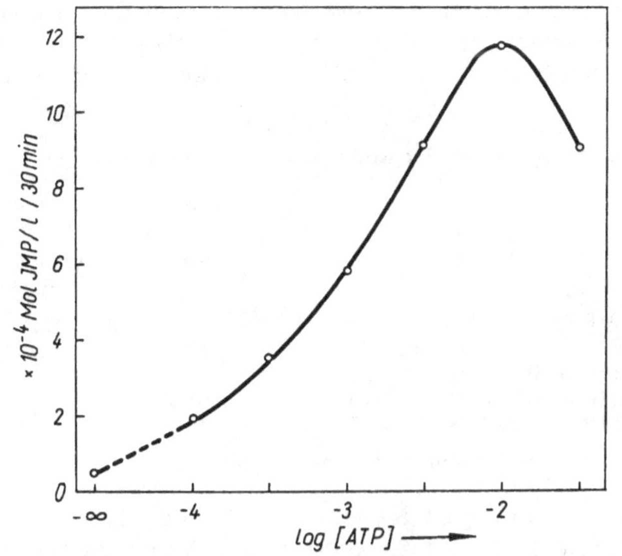

Abb. 4. Aktivierung der Adenylsäuredesaminase in Abhängigkeit von der ATP-Konzentration. Versuchsanordnung wie in Abbildung 1

Anorganisches Pyrophosphat hemmt das Enzym in demselben Konzentrationsbereich wie Orthophosphat (Tab. 2). Eine Hemmung zeigt auch pCMB in einer Konzentration von 10^{-3} Mol/l, während NEM in dieser Konzentration keinen deutlichen Effekt ausübt.

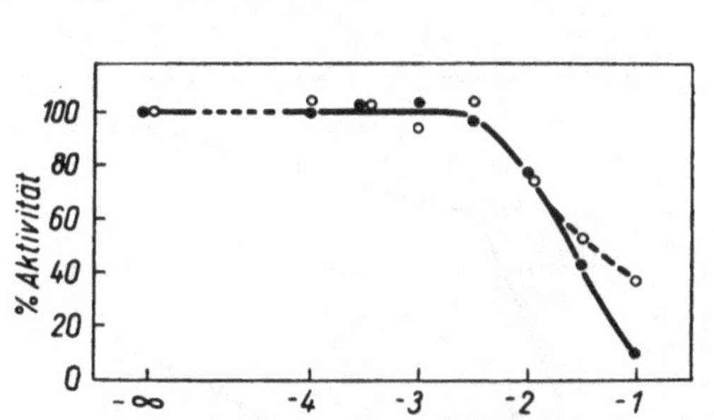

Abb. 5. Hemmung der Adenylsäuredesaminase durch Phosphat und Arsenat. 4 Tage altes Dialysat, mit 4 Vol. Triäthanolaminpuffer *p*H 7,8 verdünnt. AMP = $2 \cdot 10^{-3}$ Mol/l; EDTA = $5 \cdot 10^{-3}$ Mol/l; KCl = $5 \cdot 10^{-2}$ Mol/l. Inkubation 1 Std. bei 37 °C. ●——● = log [Phosphat]; ○– – –○ = log [Arsenat]

Ferner haben wir in weiteren Versuchen den Einfluß einwertiger Kationen auf die Aktivität des Enzyms in Dialysaten untersucht (Abb. 6). Das den Ansätzen hinzugefügte AMP war durch Ionenaustausch über Dowex 50 Na^+-frei gemacht. Die Angaben bestätigen die Angaben von Askari [1] daß die einwertigen Alkalimetallionen, wie auch das Ammoniumion, die alle in einer Konzentration von $5 \cdot 10^{-2}$ Mol/l als Chloride zur Anwendung kamen, das Enzym in unterschiedlicher Stärke aktivieren. Die Abhängig-

Tabelle 2
Hemmung der Adenylsäuredesaminasereaktion

Ansatz	gebildetes IMP/Std. [$\cdot 10^{-4}$ Mol/l] Versuch I	Versuch II
AMP ($3 \cdot 10^{-3}$ Mol/l)	13,0	12,1
AMP + PP ($3 \cdot 10^{-3}$ Mol/l)	12,6	12,2
AMP + PP ($5 \cdot 10^{-2}$ Mol/l)	2,1	1,8
AMP + NEM (10^{-3} Mol/l)	14,5	8,4
AMP + pCMB (10^{-3} Mol/l)	6,2	3,2

Versuchsanordnung wie in Abbildung 5

keit des Enzyms von diesen Kationen ist absolut, da in der Kontrolle, die frei von Alkalimetallionen war, keine IMP-Bildung stattfand. Triäthanolamin aktiviert das Enzym nicht, denn auch der Kontrollansatz war mit Triäthanolamin gepuffert.

Auch Kalzium- und Magnesiumionen haben, wie wir in anderen Versuchen gefunden haben, bis zu einer Konzentration von 10^{-2} Mol/l keinen Einfluß auf die Enzymaktivität.

In den in Tabelle 3 dargestellten Versuchen wurde geprüft, ob verschiedene Anionen einen unterschiedlichen Effekt auf die Adenylsäureaktivität aus-

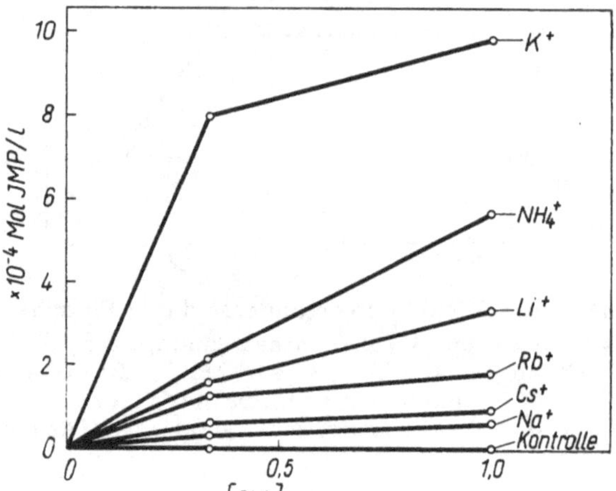

Abb. 6. Einfluß von Kationen auf die Adenylsäuredesaminaseaktivität.
AMP = $2 \cdot 10^{-3}$ Mol/l (über Dowex 50 Na^+-frei);
Konzentration der Salze = $5 \cdot 10^{-2}$ Mol/l. Versuchsansatz sonst wie in Abbildung 5

üben. Für diese Versuche wurde dem Dialysat kein Puffer zugesetzt; der *p*H-Wert der Versuchsansätze wurde jeweils mit NaOH unter kräftigem Rühren auf *p*H 7,8 eingestellt. Die Anionen wurden als Kaliumsalze in einer Endkonzentration von 10^{-1} Mol/l hinzugefügt. Die untersuchten

Tabelle 3
Einfluß von Anionen auf die Adenylsäuredesaminaseaktivität

Ansatz	gebildetes IMP/Std. [$\cdot 10^{-4}$ Mol/l]
Chlorid	8,6
Bromid	8,1
Jodid	6,3
Fluorid	0
Fluorid + Chlorid	0
Tartrat	9,2
Sukzinat	10,4
Zitrat	9,6
Zyanat	12,0
Rhodanid	7,2
Oxalat	6,3
Azetat	9,0

Dialysat, 5 Tage alt, mit 5 Vol. aqua dest. verdünnt. *p*H 7,8, mit NaOH eingestellt. AMP = $2 \cdot 10^{-3}$ Mol/l; ATP = 10^{-2} Mol/l (als Na-Salz). Konzentration der Anionen als Kaliumsalze = 10^{-1} Mol/l

Salze zeigen einen aktivierenden Effekt von unterschiedlicher Stärke, in Gegenwart von Fluorid bleibt in dieser Konzentration die IMP-Bildung sogar völlig aus. Chlorid in einer Konzentration von 10^{-1} Mol/l vermag diesen hemmenden Effekt des Fluorids nicht aufzuheben.
Die Temperaturabhängigkeit der Adenylsäuredesaminaseaktivität im Hämolysat ist in Abbildung 7 dargestellt. Das Enzym zeigt ein Aktivitätsoptimum bei 37 °C.
Eine eindeutige Abhängigkeit der IMP-Bildung aus AMP über die Adenylsäuredesaminase ergab sich, wenn das Enzym durch Zusatz von ATP in einer Konzentration von 10^{-2} Mol/l aktiviert und KCl in einer Konzentration von 10^{-1} Mol/l hinzugefügt wurde. Es ließ sich somit für die Adenyl-

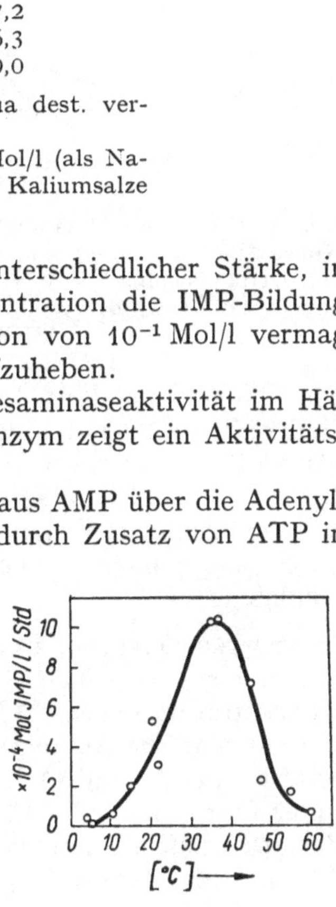

Abb. 7. Temperaturabhängigkeit der Adenylsäuredesaminasereaktion.
10%iges Hämolysat; Triäthanolaminpuffer *p*H 7,8. AMP = $2 \cdot 10^{-3}$ Mol/l; EDTA = $5 \cdot 10^{-3}$ Mol/l

säuredesaminase nach dem Verfahren von LINEWEAVER-BURK die MICHAELIS-MENTEN-Konstante zu $2{,}1 \cdot 10^{-3}$ Mol/l AMP bei *p*H 7,8 und 37 °C errechnen (Abb. 8).

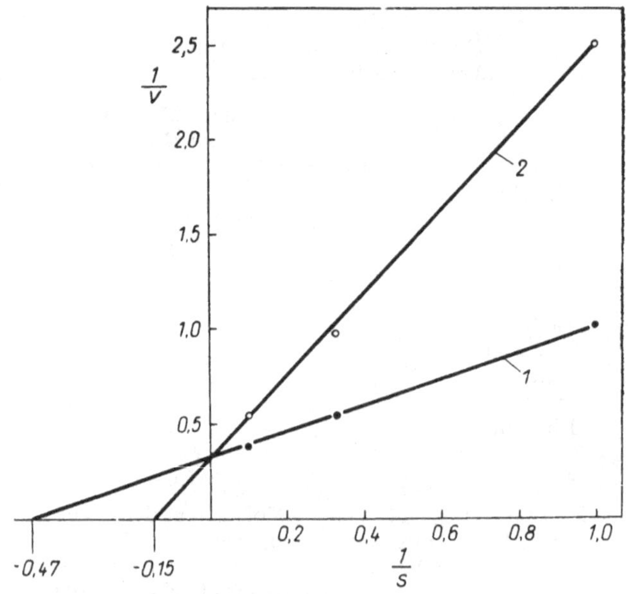

Abb. 8. Kurve 1: Abhängigkeit der IMP-Bildung von der AMP-Konzentration; Kurve 2: Abhängigkeit der IMP-Bildung von der AMP-Konzentration in Gegenwart von Orthophosphat ($= 5 \cdot 10^{-2}$ Mol/l). Dialysat 5 Tage alt, mit 5 Vol. Triäthanolaminpuffer auf *p*H 7,8 verdünnt. ATP $= 10^{-2}$ Mol/l; EDTA $= 5 \cdot 10^{-3}$ Mol/l; KCl $= 10^{-1}$ Mol/l; $t = 37$ °C

In der Kurve 2 der Abbildung 8 ist die Abhängigkeit der IMP-Bildung von der AMP-Konzentration in Gegenwart von Phosphat in einer Konzentration von $5 \cdot 10^{-2}$ Mol/l unter sonst gleichen Versuchsbedingungen dargestellt. Aus der Abbildung ist zu ersehen, daß es sich bei der Hemmung des Enzyms durch anorganisches Phosphat um einen kompetetiven Hemmungstyp handelt.

In weiteren Versuchen unter gleichen Versuchsbedingungen haben wir feststellen können, daß in Gegenwart von ATP (10^{-2} Mol/l) bei einer AMP-Konzentration über 10^{-2} Mol/l Substratsättigung des Enzyms erreicht ist. Bezieht man die Anfangsgeschwindigkeit des Substratumsatzes im Hämolysat bei *p*H 7,8 und 37 °C und einer AMP-Konzentration von $5 \cdot 10^{-2}$ Mol/l unter Einrechnung der Verdünnung auf das Zellvolumen, so ergibt sich für den menschlichen Erythrozyten eine Adenylsäuredesaminaseaktivität von $2{,}5 \cdot 10^{-1}$ Mol AMP/l Zellen/Std.

Diskussion

In Hämolysaten menschlicher Erythrozyten läßt sich eine Adenylsäuredesaminase nachweisen, die sowohl durch einwertige Kationen als auch durch Anionen sowie durch Adeninnukleotide aktiviert wird. Anorganisches Phosphat hemmt dagegen das Enzym kompetetiv.

Auf die unterschiedliche Aktivierung des Enzyms durch einwertige Kationen hat schon ASKARI [1] hingewiesen. Die untersuchten Kationen lassen sich hinsichtlich ihres Aktivierungsvermögens in folgender Reihe ordnen: $K^+ > NH_4^+ > Li^+ > Rb^+ > Cs^+ > Na^+$. Dieser unterschiedliche Effekt der Ionen ist bisher nicht geklärt; eine eindeutige Beziehung zur HOFMEISTERschen Ionenreihe scheint nicht zu bestehen.

Ebenso überraschend ist der Befund, daß das Enzym von der Anwesenheit von Anionen abhängig ist. Auch dieses Phänomen läßt bisher keine befriedigende Deutung zu, obwohl NIKIFORUK und COLOWICK [8] bereits für die Muskeladenylsäuredesaminase eine Stimulierung durch bestimmte Anionen beschrieben haben. Die Aktivierung des Enzyms durch verschiedene Anionen ist bei gleicher molarer Konzentration unterschiedlich stark. Dieser unterschiedliche Effekt ist bei den Salzen zweiwertiger Anionen nicht auf die doppelte Konzentration der ebenfalls aktivierenden Kaliumionen zurückzuführen, da in den angewandten Salzkonzentrationen bereits maximale Aktivierung durch Kationen erreicht ist [1]. Durch Fluorid wird das Enzym vollständig gehemmt, obwohl die Adenylsäuredesaminasereaktion nicht Mg^{++}-abhängig ist, so daß ein anderer Hemmeffekt vorliegen muß. Auch eine Verdrängung aktivierender Anionen von ihrem Wirkungsort am Enzym durch Fluorid ist als Ursache der Hemmwirkung des Fluorids nicht wahrscheinlich, da Chlorid in der gleichen molaren Konzentration die Hemmwirkung des Fluorids auch nicht teilweise wieder rückgängig machen kann.

Von besonderem Interesse ist der Befund, daß die Adenylsäuredesaminase durch ihr eigenes Substrat aktiviert wird. Das AMP kann hinsichtlich dieses Effekts durch ATP und besonders durch ADP ersetzt werden, wobei ATP und ADP durch das Enzym nicht desaminiert werden; beide Nukleotide lassen sich im Verlauf der Inkubation in den Versuchsansätzen in unveränderter Konzentration nachweisen. Die aktivierende Wirkung dieser Nukleotide muß über einen Angriff an einem anderen Ort des Enzyms als ein allosterischer Effekt gedeutet werden, wodurch bestimmte Strukturen des Enzyms, die für die Desaminierung wichtig sind, für AMP besser zugänglich werden. Für die Muskeladenylsäuredesaminase und für die Adenylsäuredesaminase des Gehirns ist auch von anderer Seite [6], [7], [12], [13] eine Aktivierung durch ATP schon beschrieben worden. MENDICINO und MUNTZ [6] finden für die Muskeladenylsäuredesaminase aber, daß diese nur durch ATP, nicht jedoch durch andere Nukleotide aktiviert wird.

Die hemmende Wirkung des anorganischen Phosphats stellt sich nach unseren Untersuchungen als eine Verdrängung von AMP von dem Rezeptorfeld des Enzyms dar. Grundsätzlich wäre auch möglich, daß das anorganische Phosphat auch die aktivierenden Nukleotide von ihrem Wirkungsort am Enzym verdrängt; die Hemmung müßte sich dann aber nicht als eine rein kompetetive, sondern als eine Hemmung gemischten Typs darstellen. Für die Hemmwirkung des Arsenats dürften die gleichen Überlegungen zutreffen.

Über die Bedeutung der Adenylsäuredesaminase im Stoffwechsel des Erythrozyten lassen sich nur Vermutungen anstellen. In frischen, stoffwechselintakten Erythrozyten kommt es in vivo und bei Inkubation über einige Stunden mit Glukose als Substrat bei 37 °C nicht zur IMP-Bildung. Werden die Zellen aber mit JES inkubiert oder werden sie im Kühlraum einige Zeit gelagert, so ist die IMP-Bildung deutlich; es sind dies Bedingungen, unter denen die Phosphorylierung des entstehenden und sich anhäufenden AMP durch das intrazelluläre ATP gestört ist.

Die nicht nach weisbare Aktivität des Enzyms in stoffwechselintakten Zellen würde sich aus der relativ hohen Michaelis-Menten-Konstante sowie der hemmenden Wirkung des intrazelluläre anorganischen Phosphats erklären lassen. Die Adenylsäuredesaminase könnte somit als ein regulierendes Prinzip aufgefaßt werden, das die Anhäufung von Adeninnukleotiden in der Zelle begrenzt: eine Anhäufung der Nukleotide in der Zelle muß das Enzym einerseits über den beschriebenen allosterischen Effekt, andererseits durch Erhöhung der Konzentration des AMP, des Substrats des Enzyms, aktivieren.

In weiteren Untersuchungen soll geprüft werden, ob dieser von uns angenommenen regulierenden Wirkung der Adenylsäuredesaminase eine grundsätzliche Bedeutung im Zellstoffwechsel zukommt.

Literatur

[1] Askari, A.: Science [Washington] **141**, 44 (1963).
[2] Banaschak, H.: Folia haematol. [Leipzig] **78**, 283 (1962).
[3] Gerlach, E., A. Fleckenstein u. E. Gross: Pflügers Arch. ges. Physiol. Menschen Tiere **266**, 528 (1958).
[4] Ito, N. u. S. Grisolia: Experientia [Basel] **13**, 442 (1957).
[5] Lee, Y. P.: J. biol. Chemistry **227**, 987 (1957).
[6] Mendicino, J. u. J. A. Muntz: J. biol. Chemistry **233**, 178 (1958).
[7] Muntz, J. A.: J. biol. Chemistry **201**, 221 (1953).
[8] Nikiforuk, G. u. S. P. Colowick: J. biol. Chemistry **219**, 119 (1956).
[9] Schmidt, G.: Hoppe-Seyler's Z. physiol. Chem. **179**, 243 (1928).
[10] Shung-Kai Ch., Th. A. McCoy u. D. E. Kizer: Proc. Soc. exp. Biol. Med. **100**, 420 (1959).
[11] Waitzman, M. B.: Nature [London] **185**, 388 (1960).
[12] Waitzman, M. B.: Amer. J. Physiol. **198**, 665 (1960).
[13] Weil-Malherbe, H. u. R. H. Green: Biochem. J. **61**, 218 (1955).

Summary

H. Banaschak: Mechanisms of the formation of inosine monophosphate in human erythrocytes. I. Properties of the adenylic acid deaminase in human erythrocytes

The properties of an adenylic acid deaminase in human hemolysates are investigated. The enzyme has an optimum activity at *p*H 7,8 and 37 °C. Due to an allosteric effect the enzyme gets activated by its own substrate as well as by ADP and ATP. It is depending on monovalent cations and on anions that produce a different activating effect. The enzyme is inhibited competitively by phosphate; further inhibitors are arsenate, pyrophosphate and p-chlormercuribenzoate. The MICHAELIS-MENTEN constant is determined in the dialyzed hemolysate as $2{,}1 \cdot 10^{-3}$ Mol AMP/l at *p*H 7,8 and 37 °C. The activity of adenylic acid deaminase in human erythrocytes as calculated from experiments with hemolysates is approximately $2{,}5 \cdot 10^{-1}$ Mol AMP/l of cells/hour.

Резюме

Г. Банашак: Механизмы образования монофосфата инозина в человеческих эритроцитах. I. Свойства адениловой кислоты дезаминазы в человеческих эритроцитах

Автор исследовал свойства дезаминазы адениловой кислоты в человеческих гемолизатах. Энзим имеет оптимальную активность при *p*H 7,8 и 37 °C. Благодаря аллостерическому эффекту, энзим активируется собственным субстратом, а также АДФ и АТФ. Энзим зависим от одновалентных катионов и анионов, которые имеют различный активирующий эффект. Фосфат тормозит его; дальнейшими ингибиторами являются: арсенат, пирофосфат и п-хлормеркурибензоат. Константа Михаэлиса-Ментена, определенная в диализированном гемолизате, была равной $2{,}1 \cdot 10^{-3}$ моль АМФ/л при *p*H 7,8 и 37 °C. Активность дезаминазы адениловой кислоты в человеческих эритроцитах, рассчитанная из опытов с гемолизатами, составляет примерно $2{,}5 \cdot 10^{-1}$ моль АМФ/л клеток/час.

Acta biol. med. german., Band 16, Seite 496—501 (1966)

Department of Pharmacology, Research Institute for Natural Drugs and Department of Stomatology, Faculty of Medicine, Charles University, Prague

The Comparison of Action of Some Androgenic Type Steroids on the Secondary Dentine Formation in Rat Molars

M. HÁVA, J. MIKULÁŠKOVÁ and O. BRÁZDA

(Received: 4. 12. 1965)

Summary

The effects of five steroids of androgenic type on secondary dentine formation were compared on 70 molars of 35 male rats. The following compounds used, were given orally in a daily dose of 0,3 mg/rat for 21 days: methyltestosterone, 17α-methyl-17β-hydroxy-2-androstene, 17β-hydroxy-2-androstene, 1α-17α-dimethyl-5α-androstane-17β-ol-3-one and 1,2α-oxydo-androstene-3,17-dione. The biologically most active substances developed the most pronounced effects. Regarding the activity of 1,2α-oxydo-androstene-3,17-dione, which is devoid of androgenic-anabolic activity, the authors hypothesize that the effect is not strictly bound with the nitrogen metabolism.

In the preceding work (MIKULÁŠKOVÁ et al. [6]) the effect of methyltestosterone (MTS) in a daily dose of 1 mg/rat, given orally for 21 consecutive days, on the formation of secondary dentine after artificially performed cavities in rat molars was described. In both rat sex an increased apposition of secondary dentine in the pulp canales occured in contrast with the controls. In the present experiment we wanted to find out whether this effect is common to the substances of androgenic type and to which extent it is parallel with the total biological activity and the so called anabolic effect of substances (i.e. in producing effect on musculus bulbocavernosus dors.) (HAYES [3]).

Materials and Methods

Male rats of Wistar-Konárovice-strain, weighing 180—220 g, were also used in this experiment. The experimental groups consisted of 5 rats each, 10 animals served as control. The test substances in a daily dose of 0,3 mg/rat, dissolved in 0,4 ml olive oil, were administered orally for 21 consecutive days. All other experimental conditions and examinations of teeth were identical with those described in previous work (MIKULÁŠKOVÁ et al. [6]). In total 70 teeth were examined. The following compounds were used in the experiment: MTS served as standard; 17α-methyl-17β-hydroxy-2-androstene (D) the total biological activity of which was higher than that of MTS, especially in respect of the effect on musculus bulbocavernosus dors.; 17β-hydroxy-2-androstene (2 A), which produced an interesting prolonged effect (ČEKAN et al. [1])

Table 1

Substance	Musculus bulbocavernosus dors.	Seminal vesicle	Prostate	Glycogen[1]	Cholesterol[2]	Note
MTS	100	100	100			
D	200	100	60			
2 A	150	50	40			Čekan et al. [1]
DMA	130	50	40	0	0	Háva et al. 1962 [2] Linèt (personal communication)
OAD	0	0	0	+	+	Linèt et al. 1965 [5]
19-nortestosterone phenylpropionate[3]				+	0	Linèt et al. 1965 [4]
Methandrostenolone[3]				±	0	Linèt (personal communication)

[1] Decrease of soluble glycogen fraction level in liver.
[2] Normalization of cholesterol level in adrenals, reduced by cortisol.
[3] Mentioned for comparison of androgenic steroid effect on the last two parameters.

was more effective than MTS; 1α-17α-dimethyl-5α-androstane-17β-ol-3-one (DMA) the total biological activity of which could be compared with that of MTS (HÁVA et al. [2]), and 1,2α-oxydo-androstene-3,17-dione (OAD), devoid of the majority of androgenic-anabolic effects, produced an effect on the glycide metabolism and on cholesterol metabolism in the adrenals (LINÈT et al. [5]). The comparison of action of these compounds may be seen from the table 1. In contrast to the previous experiments, we decided to use lower doses not only because we supposed — on basis of previous experience — that the use of a quantity exceeding a certain optimal steroid dose might affect adversely the results, but also with regard to the presumed higher effect of some compounds (D, 2 A).

Results

The histological findings suggest some differences between the compounds used. In controls (Fig. 1) only a slight secondary dentine formation was found apposing on the inner surface of root canal. The pulp of the opened tooth was completely necrotic, the periodontium contained focal inflammatory infiltrations. MTS (Fig. 2) increased the secondary dentine formation especially on the inner surface of root canal, where a coherent uneven

Fig. 1. A slight secondary dentine formation on the inner surface of root canal in controls. Haematoxyline-eosine stain. Magnification 80 ×

Fig. 2. MTS increased the secondary dentine formation on the inner surface of root canal. Haematoxyline-eosine stain. Magnification 80 ×

broad layer was formed. The secondary dentine formation was most pronounced after steroid D (Fig. 3). On the inner surface of root canal a broad layer of predentine was formed, in which islets of secondary dentine could be observed in numerous parts. In the necrotic pulp shadowy chromatine remnants from the decomposed cells were found. The adjacent periodontium was pervaded with leukocytes in some parts only. The same intensity of secondary dentine formation was observed after the administration of steroid 2 A (Fig. 4). The irregularly intertwinning bars of basophile substances were dispersed in the necrotic pulp and apposed on the inner surface of root canals. The reactive leukocyte component was relatively pronounced in some parts. The periodontium was either unchanged or — in some cases — focal leukocyte and lymphocyte infiltrations with a

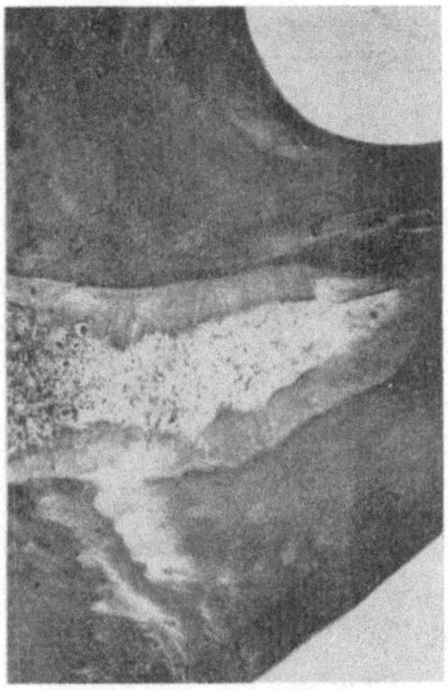

Fig. 3. The secondary dentine formation most pronounced after steroid D. Haematoxyline-eosine stain. Magnification 80 ×

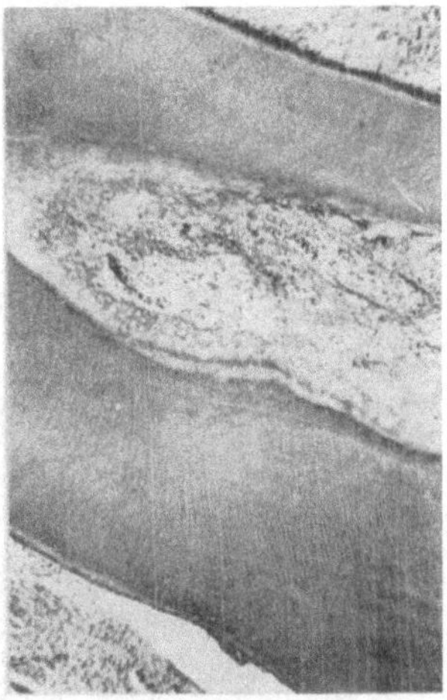

Fig. 4. The irregular bars of basophile substances dispersed in the necrotic pulp and apposed on the inner surface of root canal after 2 A. Haematoxyline-eosine stain. Magnification 80 ×

picture of granuloma could be observed. After DMA (Fig. 5) a thin layer of secondary dentine was found on the inner surface of root canal. The pulp was completely necrotic, the periodontium did not differ from those ascertained in other groups. After the administration of OAD (Fig. 6) also a thin layer of secondary dentine inside the tooth was found and single irregular bars in the necrotic pulp substances were present. The picture was uniform in each group.

Discussion

The achieved results show that there exists, to a certain extent, a parallelity between the total biological effect of the used substances and their influence on secondary dentine formation. Even though it was impossible, owing to some difficulties in making artificial cavities in the small rat teeth, to attain a standardization of experiment (occurence of reactive inflammatory processes in periodontium in the very proximity of examined teeth, the falling out of filling and repeated presence of vegetable food remnants in the pulp cavities) enabling a quantitative evaluation of results, the findings were most pronounced in both very active compounds (D, 2 A).

The effect of MTS was lower than in the preceding experiments, when a threefold quantity had been used. The effects of DMA and OAD were approximately the same as that of MTS; the secondary dentine formation

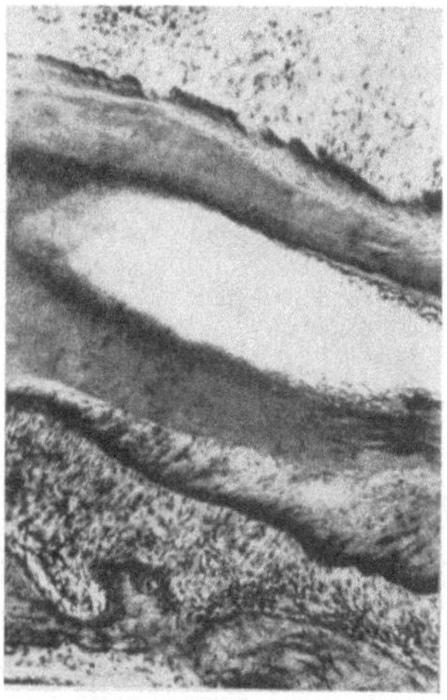

Fig. 5. After DMA a thin layer of secondary dentine on the inner surface of root canal. Haematoxyline-eosine stain. Magnification 80 ×

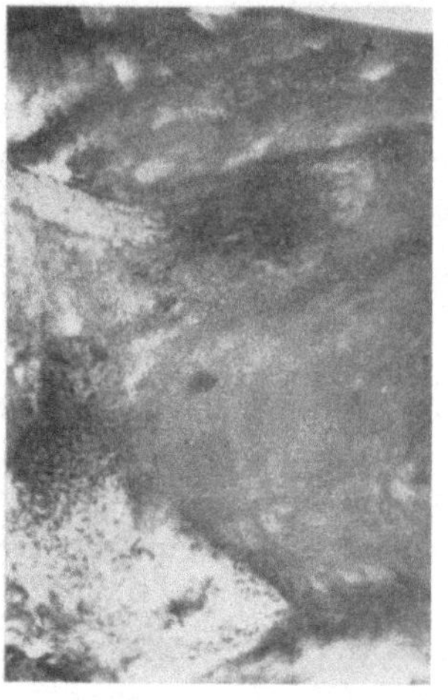

Fig. 6. After the administration of OAD a thin layer of secondary dentine inside the tooth was observed. Haematoxyline-eosine stain. Magnification 80 ×

was distinctly higher in all these groups than in controls. This is remarkable especially with regard to the fact that DMA could be taken — according to the criteria valid until recently, and according to successful clinical experiments — for an anabolically more advantageous compound than MTS. OAD on the contrary, showed quite a different biological activity and did not act as a steroid of androgenic type on the usual target organs. In the experiments published elsewhere (MIKULÁŠKOVÁ et al. [7]) we observed a pronounced effect of the local administration of steroids of androgenic type in dog and monkey teeth; it is, therefore, possible that besides the biologic activity, the ability of compound to penetrate in the basic tooth structure, is also decisive in the total administration. The results achieved with OAD, a compound exerting some metabolic effects only, suggest that the influence on the secondary dentine formation is not strictly bound with the effects of androgens on the nitrogen metabolism.

Literature

[1] ČEKAN, Z., Z. VESELÝ, J. FAJKOŠ u. F. ŠORM: Steroids **5**, 113 (1965).
[2] HÁVA, M., M. ŠEDA u. J. JELÍNEK: Českoslov. Fysiol. **11**, 236 (1962).
[3] HAYES, K. J.: Acta endocrinol. [Copenhagen] **48**, 337 (1965).

[4] LINĚT, O., A. JAKUBOVIČ u. Z. ČEKAN: Experientia [Basel] **21**, 333 (1965).
[5] LINĚT, O., M. HÁVA, A. JAKUBOVIČ u. J. MIKULÁŠKOVÁ: Arch. int. Pharmacodynam. Thérap. **158** 222 (1965).
[6] MIKULÁŠKOVÁ, J., M. HÁVA u. O. BRÁZDA: Acta biol. med. german. **14**, 787 (1965).
[7] MIKULÁŠKOVÁ, J., M. HÁVA u. O. BRÁZDA: J. Dental Res. (In press).

Zusammenfassung

M. HÁVA, J. MIKULÁŠKOVÁ und O. BRÁZDA: Ein Vergleich der Wirkungen einiger androgener Steroide auf die sekundäre Dentinbildung in den Molaren der Ratte

Es wurden die Wirkungen von fünf androgenen Steroiden auf die sekundäre Dentinbildung an 70 Molaren von 35 männlichen Ratten verglichen. Die folgenden Verbindungen wurden peroral bei einer Tagesdosis von 0,3 mg/Ratte im Laufe von 21 Tagen verabfolgt: Methyltestosteron, 17α-methyl-17β-hydroxy-2-androsten, 17β-hydroxy-2-androsten, 1α-17α-dimethyl-5α-androstan-17β-ol-3-on und 1,2α-oxydo-androsten-3,17-dion. Die biologisch aktivsten Substanzen zeigten die stärksten Wirkungen. Aufgrund der Aktivität von 1,2α-oxydo-androsten-3,17-dion, die keine androgenanabolische Aktivität aufweist, kommen die Verfasser zu dem Schluß, daß die vorliegende Wirkung nicht unbedingt an den Stickstoff-Stoffwechsel gebunden ist.

Резюме

М. Гава, И. Микулашкова и О. Брзада: Сравнение действий некоторых андрогенных стероидов на вторичное образование дентина в коренных зубах крыс

Авторы изучавали и сравнили между собой действия пяти андрогенныхс тероидов на вторичное образование дентина на 70 коренных зубах 35 крыс-самцов. Следующие соединения вводились перорально в дневной дозе 0,3 мг на крысу в течение 21 дня: метилтестостерон, 17α-метил-17β-гидрокси-2-андростен, 17β-гидрокси-2-андростен, 1α-17α-диметил-5α-андростен-17β-ол-3-он и 1,2α-оксидо-андростен-3,17-дион. Биологически найболее активные вещества проявили найболее выраженный эффект. На основе активности 1,2α-оксидо-андростен-3,17-диона, лишенной андрогенноанаболической активности, авторы делают вывод, что данный эффект непременно не связан с обменомазота.

Acta biol. med. german., Band 16, Seite 502—513 (1966)

Каферда Патологической Физиологии (Директор: проф. Н. Н. Зайко)
Киевского Медицинского Института им. А. А. Богомольца

К механизму приспособленных реакций при охлаждении. Влияние АКТГ, кортизона и ДОКА на углеводный обмен при охлаждении у новорожденных

Л. Я. Данилова

(Поступила: 5. 12. 1965)

Резюме

Для выяснения механизмов устойчивости к низким температурам изучалось влияние надпочечников на углеводный обмен новорожденных. Установлено, что АКТГ и кортизон повышает содержание гликогена в печени и мышцах крысят в возрасте 4, 7, 13, 18 и 30 дней. Однако, у 4- и 7-дневных крысят, новорожденных крольчат, слепых щенков и котят (незрелорожденные) гликоген печени и мышц отличается стабильностью и не используется в качестве энергетического материала при охлаждении. Такая возможность появляется у них к моменту прозревания, в то время как у морских свинок (зрелорожденные) она имеется с момента рождения. Очевидно, существует зависимость между способностью к гликогенолизу и развитием терморегуляции. У слепых котят в печени, а у прозревших и в мышцах активность анаэробного гликолиза падает на 46—48% при снижении температуры инкубации с 37° до 18 °C, в то же время у слепых котят в мышцах только на 15—20% ($p > 0,1$). По-видимому, последний факт имеет значение в устойчивости новорожденных к переохлаждению, поэтому кортизон, оказывающий тормозящее действие на гликолиз отрицательно влияет на возможность слепых крысят и котят приспосабливаться к низким температурам.

Для выяснения механизмов устойчивости к низким температурам изучалось влияние надпочечников на углеводный обмен новорожденных. Установлено, что АКТГ и кортизон повышает содержание гликогена в печени и мышцах крысят в возрасте 4, 7, 13, 18 и 30 дней. Однако, у 4 и 7 дневных крысят, новорожденных крольчат, слепых щенков и котят (незрелорожденные) гликоген печени и мышц отличается стабильностью и не используется в качестве энергетического материала при охлаждении. Такая возможность появляется у них к моменту прозревания, в то время как у морских свинок (зрелорожденные) она имеется с момента рождения. Очевидно, существует зависимость между способностью к гликогенолизу и развитием терморегуляции. У слепых котят в печени, а у прозревших и в мышцах активность анаэробного гликолиза падает на 46—48% при снижении температуры инкубации с 37 до 18°, в то же время у слепых котят в мышцах только на 15—20% ($p > 0,1$).

По-видимому, последний факт имеет значение в устойчивости новорожденных к переохлаждению, поэтому кортизон, оказывающий тормозящее действие на гликолиз, отрицательно влияет на возможность слепых крысят и котят приспосабливаться к низким температурам. После прозревания с завершением формирования нейроэндокринных связей и терморегуляторных механизмов резистентность к холоду, в известной мере, обуславливается запасами углеводов и возможностью их использования, поэтому АКТГ и кортизон, стимулируя процессы гликонеогенеза, ограничивают использование гликогена из депо и в то же время увеличивают длительность охлаждения. ДОКА оказывается менее эффективным.

Таким образом, надпочечники, участвуя в регуляции углеводного обмена, повышают устойчивость к охлаждению только у животных с развитой терморегуляцией. Способность незрелорожденных выживать при значительном снижении температуры тела не зависит от функции надпочечников, а очевидно, обусловлена особенностями обмена на клеточном уровне, а также меньшей чувствительностью центральной нервной системы к развивающейся при гипотермии гипоксии.

Известно, что охлаждение теплокровных сопровождается уменьшением углеводных резервов. Об этом можно судить по снижению уровня сахара в крови и гликогена в печени и мышцах. В наших предыдущих исследованиях было показано, что имеется определенная зависимость между изменениями углеводного обмена при охлаждении крыс и функциональном состоянии надпочечников. Активация последних введением АКТГ или обогащение организма глюкокортикоидами уменьшает неизбежный результат действия холода. При этом экономится расходывание гликогенных запасов, а также возрастает устойчивость к холоду, что выражается в увеличении времени необходимого для охлаждения животных до температуры 17—18° [1]. Это согласуется с данными Wyman и Suden [2] и Selye и Schenker [3] о роли надпочечников в терморегуляции и, в частности, в процессах теплопродукции [4].

Однако, у новорожденных крысят, которые не обладают терморегуляцией [5], [6], надпочечники не оказывают защитного эффекта. Не смотря на это, они лучше чем взрослые переносят переохлаждение, выживая даже при температуре тела ниже +8—10° [7]. Для выяснения механизмов устойчивости к низким температурам в настоящей работе изучалось влияние надпочечников на углеводный обмен при охлаждении незрелорожденных крысят в течение I месяца жизни, когда происходит формирование терморегуляторных механизмов и нейрогуморальных связей. Кроме того исследовалось состояние углеводных резервов при охлаждении зрело- и незрелорожденных животных. К первым, как известно, относятся морские свинки, которые рождаются зрячими, они покрыты шерстью и обладают довольно совершенной терморегуляцией. Ко второй группе относятся крысята, мышата, крольчата, рождающиеся слепыми, без шерсти и с несовершенной терморегуляцией. Промежуточное положение занимают щенята и котята.

Методика исследования

Опыты поставлены на 16 однодневных крольчатах, 68 слепых и 52 прозревших котятах, 15 слепых щенках, 22 новорожденных морских свинках и 485 крысятах в возрасте 4, 7, 13, 18 и 30 дней. Каждая возрастная группа крысят и котят делилась на 4 подгруппы из которых первая служила контролем, вторая получала АКТГ (продленного действия) из расчета 4 ед на 100 г веса в течение трех дней, третья — кортизон по 3 мг на 100 г веса и четвертая получала дезоксикортикостерон-ацетат, 1 мг на 100 г веса. Половина всех животных служила контролем, остальные охлаждались в рефрижераторе (—4—6 °C), без наркоза до температуры тела 16—17 °C. В опытах, где изучалось влияние гормонов на выживаемость крысят в условиях низкой температуры, животные оставлялись в холодильнике до гибели. Температура измерялась с помощью электротермометра. В конце опыта определяли уровень сахара крови по Хагедорну-Иенсену, содержание гликогена в печени и мышцах по Пфлюгеру. Кроме того у котят в печени и мышцах определялась молочная кислота колориметрическим способом с гидрохиноном [9], а также интенсивность анаэробного гликолиза. О величине последнего судили по приросту молочной кислоты в тканевой кашице, которая инкубировалась в пробирках Тунберга в фосфатном буфере (pH 7,4), содержащем гликоген.

Результаты исследований обработаны по методу вариационной статистики с указанием вероятной средней ошибки ($\pm$ м) и степени вероятности различия (р).

Результаты исследования

Полученные результаты, представленные в таблице 1, показывают, что у незрелорожденных животных (крысят, крольчат, щенков) гликоген печени и мышц не включается в обмен при охлаждении. У них не отмечается повышение уровня сахара в крови ($р > 0,1$), что могло бы свидетельствовать в пользу гликогенолиза.

Первые признаки этой реакции появляются у наиболее зрелых из этой группы животных — у котят, но в полной мере она реализуется у них после прозревания ($р < 0,01$). Зрелорожденные морские свинки реагируют на холод, как и взрослые — усиленным гликогенолизом, что выражается в статистически достоверном ($р < 0,02$) снижении содержания гликогена в печени и мышцах и повышении уровня сахара в крови.

Различие между зрело — незрелорожденными выявлено и при анализе скорости охлаждения, связанной со степенью развития терморегуляции. Как известно, первые становятся гомойотермными еще

Таблица 1
Влияние охлаждения на уровень сахара в крови, гликогена в печени и мышцах у новорожденных животных

Животные	Статистический показатель	Контроль: Сахар крови [мг%]	Контроль: Гликоген [г%] Печень	Контроль: Гликоген [г%] Мышцы	Охлаждение: Сахар крови [мг%]	Охлаждение: Гликоген [г%] Печень	Охлаждение: Гликоген [г%] Мышцы
Крысята	M ±м P	100 ±10	1,778 ±0,454	0,533 ±0,075	99 ± 5 >0,1	2,504 ±0,488 >0,2	0,533 ±0,053 >0,5
Крольчата	M ±м P	59 ± 6	1,126 ±0,066	0,701 ±0,099	70 ±14 >0,5	1,369 ±0,295 >0,2	0,754 ±0,1 >0,5
Щенки	M ±м P	88 ±17	0,947 ±0,284	0,621 ±0,177	72 ±14 >0,2	1,103 ±0,296 >0,5	0,692 ±0,121 >0,5
Котята слепые	M ±м P	98 ± 8	3,607 ±0,383	1,424 ±0,118	138 ± 8 <0,001	3,284 ±0,260 >0,2	1,171 ±0,129 >0,1
Котята прозревшие	M ±м P	114 ± 7	5,303 ±0,412	1,229 ±0,211	179 ±18 <0,01	4,372 ±0,485 >0,2	1,068 ±0,196 >0,5
Морские свинки	M ±м P	107 ±12	3,323 ±0,570	0,661 ±0,92	199 ±25 <0,01	1,587 ±0,275 <0,02	0,388 ±0,036 <0,02

в период внутриутробного развития, а вторые только через 2—3 недели после рождения [5], [6]. Наши данные показывают, что самая низкая температура у крысят 28—29°, у кроликов —29°, у щенков —32,3°, котят —35,6° и у морских свинок —36,9°. Такая же последовательность сохраняется и в отношении скорости охлаждения даже при учете массы тела.

Морская свинка весом 60 г охлаждается до температуры 18° — 40 минут, а кролик весом 50 г — 16 минут. Для того чтобы охладить котенка весом 150 г и щенка 280 г необходимо около 60 мин.

Следующие опыты были проведены на крысятах в возрасте 4, 7, 13, 18 и 30 дней. Из таблицы 2 видно, что охлаждение 4 и 7-дневных крысят не меняет уровень сахара крови и содержание гликогена в печени и мышцах. Имеющиеся колебания в их содержании являются статистически недостоверными ($p > 0,05$). Только с 13 дня при охлаждении обнаруживается снижение содержания гликогена в печени и мышцах, а также повышение уровня сахара в крови.

На рис. 1 и 2 представлены данные, касающиеся влияния АКТГ, кортизона и ДОКА на содержание гликогена в печени и мышцах, сахара в крови при охлаждении у крысят. Как видно введение

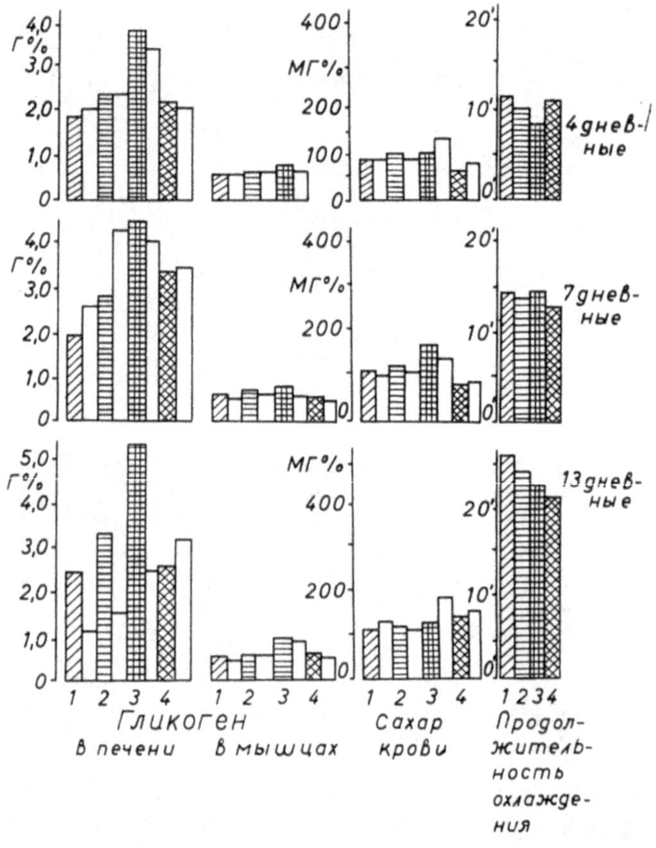

Рис. 1. Влияние АКТГ, кортизона и ДОКА на уровень сахара в крови гликогена в печени и мышцах 4,7 и 13 дневных крысят при охлаждении. Контроль: заштрихованные столбики 1 = интактные; 2 = АКТГ; 3 = кортизон; 4 = ДОКА.
Охлаждение: незаштрихованные столбики

АКТГ и кортизона повышает содержание гликогена в печени и мышцах во всех возрастных группах, а гликогенолиз при действии холода, как и у контрольных крысят, наблюдается только с 13 дневного возраста.

Однако, несмотря на то, что гормоны корковой части надпочечников оказывают влияние на углеводный обмен 4,7 и 13-дневных крысят они не повышают их устойчивости к охлаждению и время необходимое для снижения температуры тела до 17° контрольных и опытных крысят почти одинаково ($p > 0{,}05$).

Таблица 2

Влияние охлаждения на уровень сахара в крови, гликогена в печени и мышцах у крысят

Возраст [дни]	Контроль				Охлаждение		
	Статистический показатель	Сахар в крови [мг%]	Гликоген [г%] печень	Гликоген [г%] мышцы	Сахар крови [мг%]	Гликоген [г%] печень	Гликоген [г%] мышцы
4	M ±м P	100 +10	1,79 ±0,45	0,53 ±0,07	99 ±0,5 >0,1	2,50 ±0,49 >0,2	0,53 ±0,05 >0,5
7	M ±м P	111 ±6	1,88 ±0,23	0,49 ±0,04	98 ±6 >0,05	2,13 ±0,36 >0,05	0,40 ±0,05 >0,05
13	M ±м P	106 ±4	2,52 ±0,3	0,47 ±0,04	125 ±5 <0,05	1,10 ±0,19 <0,05	0,32 ±0,03 <0,01
18	M ±м P	106 ±3	5,75 ±0,74	0,53 ±0,04	126 ±10 =0,05	3,09 ±0,73 <0,02	0,36 ±0,05 <0,02
30	M ±м P	96 ±4	2,13 ±0,25	0,43 ±0,03	116 ±17 >0,05	0,68 ±0,09 <0,001	0,28 ±0,03 <0,01

Более того крысята, особенно 4-дневные, получавшие кортизон охлаждаются быстрее контрольных ($p < 0,05$).

В противоположность этому 18-дневные крысята, которым вводили кортизон или АКТГ становятся резистентнее к холоду и охлаждаются медленнее контрольных ($p < 0,05$). Несмотря на это, они сохраняют более высокий уровень сахара в крови и гликогена в печени мышцах. Экономилось расходывание гликогена и в группе, получавшей ДОКА, но охлаждались они быстрее.

Эта закономерность сохраняется и у 30-дневных крысят, но в отличие от 13-ти и 18-дневных у них не наблюдается гипергликемия после охлаждения.

Как видно из тех же рисунков 1 и 2, у 13-дневных крысят, получавших кортизон после охлаждения, уровень сахара крови повышается до 178 ± 14 мг%, а у соответствующей группы 18-дневных крысят до 245 ± 18 мг% ($p < 0,01$), у 30-дневных до 138 ± 18 мг%, но в этом случае $p > 0,1$, т.е. это различие недостоверно. Очевидно у 30-дневных крысят процессы утилизации углеводов в тканях становятся более совершенными.

Дальнейшие эксперименты были направлены на изучение продолжительности жизни крысят в условиях низкой температуры. Опыты поставлены на 30 семидневных и 30 месячных крысятах, которые получали в течение 3-х дней кортизон либо ДОКА. Крысята содер-

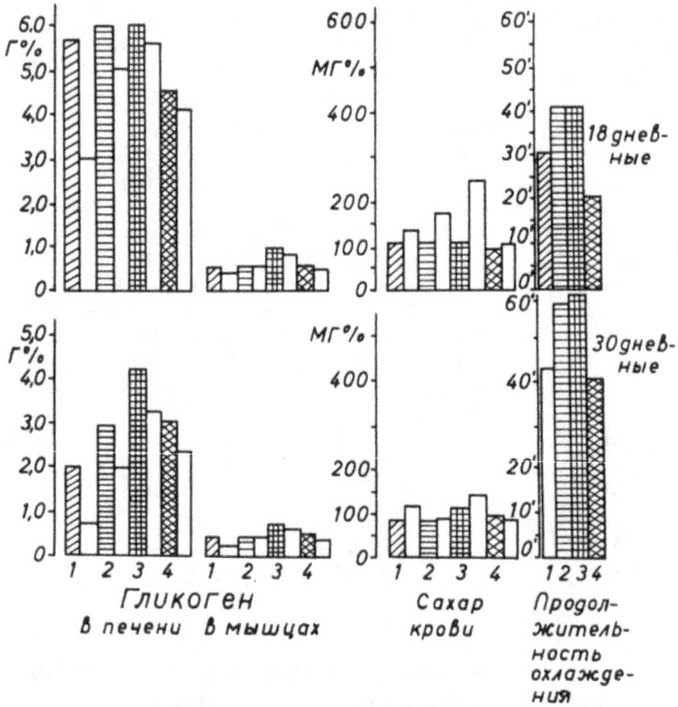

Рис. 2. Влияние АКТГ, кортизона и ДОКА на уровень сахара в крови гликогена в печени и мышцах 18 и 30 дневных крысят при охлаждении.
Контроль: заштрихованные столбики 1 = интактные; 2 = АКТГ; 3 = кортизон; 4 = ДОКА.
Охлаждение: незаштрихованные столбики

жались без матери при температуре +6 +8° до гибели. Полученные результаты показывают, что контрольная группа недельных крысят выживает 289 ± 29 мин., а месячные 129 ± 17 мин., т.е. с возрастом выживаемость падает ($p < 0{,}01$). Однако, недельные крысята, нагруженные кортизоном живут меньше контрольных 193 ± 27,1 мин. ($p < 0{,}05$), в то время как 30-дневные крысята, получавшие кортизон по продолжительности жизни не отличаются от интактных (контрольные 129 ± 16,8, опытные 152 ± 18 мин., $p > 0{,}05$).

ДОКА не оказывал существенного влияния на продолжительность жизни как недельных, так и месячных крысят.

Следующие опыты были посвящены выяснению механизма различного действия кортизона у слепых и прозревших крысят. С этой целью изучалось влияние кортикальных гормонов на активность гликолитических процессов в тканях новорожденных и прозревших котят.

Из полученных результатов, представленных на рис. 3 и 4 видно, что при охлаждении слепых котят как интактных, так и получавших кортизон или ДОКА содержание молочной кислоты и активность

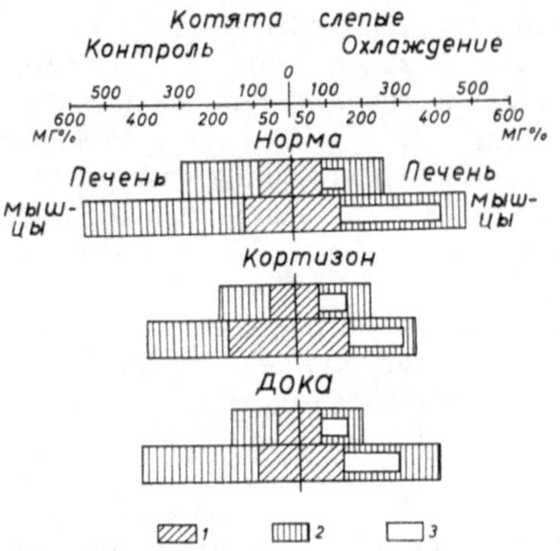

Рис. 3. Влияние кортизона и ДОКА на активность анаэробного гликолиза в печени и мышцах слепых котят.

1 = преформированная молочная кислота; 2 = прирост молочной кислоты в процессе гликолиза при 37°; 3 = прирост молочной кислоты в процессе гликолиза при 18°

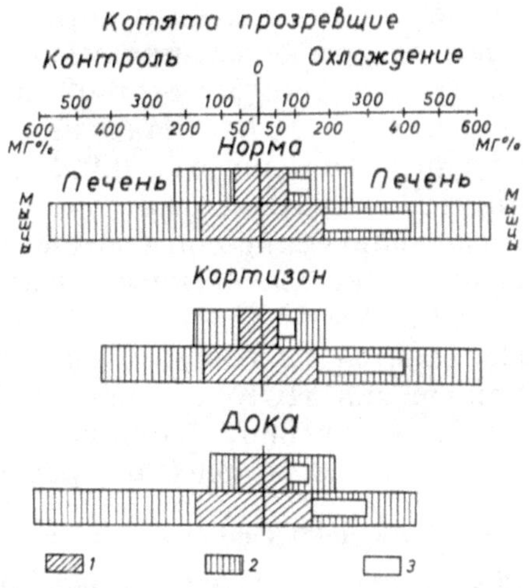

Рис. 4. Влияние кортизона и ДОКА на активность анаэробного гликолиза в печени и мышцах прозревших котят.

1 = преформированная молочная кислота; 2 = прирост молочной кислоты в процессе гликолиза при 37°; 3 = прирост молочной кислоты в процессе гликолиза при 18°

анаэробного гликолиза в печени и мышцах не меняется ($p > 0{,}05$). Даже если инкубировать ткань не при 37°, а при 18°, т.е. при той температуре, до которой животное охлаждалось, то активность гликолиза в мышцах снижается лишь на 15—20% ($p > 0{,}1$), а в печени статистически достоверное снижение только у интактных котят ($p < 0{,}01$).

У всех прозревших котят гликолитическая активность в печени и мышцах снижается при 18° на 48—46%. Так у интактных прозревших котят в мышцах при инкубации при 37° прирост молочной кислоты 456 $\pm$ 37 мг%, а при 18° лишь 239 $\pm$ 39 мг% ($p < 0{,}05$). Если сравнить со слепыми котятами соответствующей группы, то у них при 37° прирост 344 $\pm$ 60 мг%, а при 18° — 269 $\pm$ 22 мг% ($p > 0{,}1$). У прозревших котят, получавших ДОКА, активность гликолиза в мышцах оказывается сниженной даже при 37°.

Таким образом у котят до прозревания активность анаэробного гликолиза остается высокой даже при снижении температуры тела до 18°, а после прозревания гипотермия сопровождается угнетением гликолиза.

Если же сравнивать как меняется способность к анаэробному гликолизу у охлажденных котят, получавших гормональные нагрузки по сравнению с интактными, которым не вводили гормонов, то выявляется, что у слепых котят, получавших кортизон, падает активность анаэробного гликолиза в мышцах при 37° и 18° (с 344 ± 60 мг% до 177 ± 11 мг% $p < 0{,}02$, и с 269 ± 22 мг% до 149 ± 22 мг% $p < 0{,}001$). У неохлажденных такие изменения наблюдаются и в печени (в печени $p = 0{,}05$, в мышцах $p < 0{,}05$). У прозревших котят, получавших этот гормон, можно говорить только о тенденции к снижению гликолитической активности, в большей степени выраженной у неохлажденных котят (контрольные $p > 0{,}1$, охлажденные $> 0{,}2$).

Появляется тенденция к снижению анаэробного гликолиза и после применения ДОКА, однако в большинстве случаев статистически это недостоверно. Только в печени слепых охлажденных котят $p = 0{,}05$, а в мышцах прозревших $p < 0{,}05$.

Обсуждение полученных результатов

Результаты проведенных экспериментов показывают, что у новорожденных крысят, крольчат, щенков холод не влияет на уровень сахара в крови и гликогена в печени и мышцах. Следовательно гликоген не используется в качестве энергетического материала при охлаждении, что в известной мере, объясняет несовершенство их терморегуляции. В то же время у зрелорождающихся морских свинок гликогенолиз возможен с первых дней жизни. У котят, занимающих промежуточное положение по степени развития после рождения, к концу опыта отмечается повышение уровня сахара в крови. С момента прозревания, что совпадает с формированием терморегуляции, охлаждение сопровождается снижением гликогена в печени и мышцах. В опытах Hahn [10] с охлаждением крысят, гликогенолиз наблюдался с 18 дня после рождения. Подобные результаты на крольчатах в условиях гипоксии получены Лауер [11]. Таким образом, выявляется определенная связь между развитием терморегуляции и способностью к гликогенолизу при охлаждении.

Несмотря на то, что новорожденные не используют гликоген при действии холода, у них обнаруживается активность ферментов анаэробного гликолиза даже при температуре 18°. Возможно это один из факторов, обеспечивающих выживаемость новорожденных в условиях холода.

Введение АКТГ и кортизона повышает содержание гликогена в печени и мышцах новорожденных животных.

Это согласуется с гистохимическими исследованиями Ross и Goldsmith [12] на крысиных эмбрионах и новорожденных крысятах. Из этого следует, что ферментативные системы, участвующие в синтезе гликогена функционируют с момента рождения, а, гликогенолиз, являющийся приспособительным механизмом при охлаждении, — с появлением терморегуляторных механизмов. Такая последовательность включения ферментов — сначала направленных на синтез, а затем на расщепление должна расцениваться как своеобразное приспособление к условиям внешней среды животных, рождающихся незрелыми, приспособление, обеспечивающее сохранение энергетических ресурсов в неблагоприятных условиях.

Хотя АКТГ и кортизон увеличивают углеводные резервы новорожденных, однако, они не повышают их способности сохранять температуру тела при действии холода. Более того у 4-дневных крысят и слепых котят укорачивают время необходимое для охлаждения до температуры 17°, а также снижают выживаемость в условиях низкой температуры.

По-видимому, это связано с тормозящим влиянием кортикостероидов на анаэробный гликолиз. Возможность подобного действия этих гормонов подтверждается данными Dirsherl и Breuer [13], Bacila и Barron [14].

Однако, после прозревания с завершением формирования нейрогуморальных и терморегуляторных механизмов АКТГ и кортизон увеличивают длительность охлаждения и ограничивают расходывание гликогена из депо. ДОКА оказывается менее эффективным. Очевидно, влияние кортикостероидов обусловлено их участием в процессах гликонеогенеза, а возможно разобщением окислительного фосфорилирования, что обеспечивает срочную мобилизацию тепла.

Таким образом, надпочечники, участвуя в регуляции углеводного обмена, повышают устойчивость к охлаждению только у животных с развитой терморегуляцией. Способность незрелорожденных выживать при снижении температуры тела не зависит от функции надпочечников, а очевидно обусловлена особенностями обмена на клеточном уровне, а также меньшей чувствительностью центральной нервной системы к развивающейся при гипотермии гипоксии [11].

После прозревания с завершением формирования нейро-эндокринных связей и терморегуляторных механизмов резистентность к холоду, в известной мере, обуславливается запасами углеводов и возможностью их использования, поэтому АКТГ и кортизон, стимулируя процессы гликонеогенеза, ограничивают использование гликогена из депо и в то же время увеличивают длительность охлаждения, ДОКА оказывается менее эффективным.

Таким образом, надпочечники, участвуя в регуляции углеводного обмена, повышают устойчивость к охлаждению только у животных с развитой терморегуляцией. Способность незрелорожденных выживать при значительном снижении температуры тела не зависит от функции надпочечников, а очевидно, обусловлена особенностями обмена на клеточном уровне, а также меньшей чувствительностью центральной нервной системы к развивающейся при гипотермии гипоксии.

Литература

[1] Данилова, Л. Я.: В кн.: Искусственная гипотермия. Ташкент (1961).
[3] Selye, H. u. V. Schenker: Proc. Soc. exp. Biol. Med. **39**, 518 (1938).
[4] Horvath, S. M.: Endocrinology **23**, 223 (1938).
[5] Гулик, А. И.: Физиологический Журнал СССР **21**, 1013 (1936).
[6] Антошкина, Е. Д.: Физиологический Журнал СССР **26**, 5 (1939).
[7] Adolph, E. F.: Amer. J. Physiol. **155**, 366 (1948).
[8] Holtkamp, D. E., R. M. Hill, B. A. Longwell, E. K. Rutlegge u. A. R. Buchman: Amer. J. Physiol. **156**, 368 (1949).
[9] Dische, L. u. D. Laszlo: Biochem. Z. **187**, 344 (1927).
[10] Hahn, P.: Physiol. bohemosloven **4**, 432 (1956).
[11] Лауер, Н. В.: Питання патофізіологіі гіпоксичних станів новонароджених. АН УРСР, Киïв (1959).
[12] Ross, Z. u. E. D. Goldsmith: Proc. Soc. exp. Biol. Med. **90**, 50 (1950).
[13] Dirsherl, W. u. H. Breuer: Biochem. Z. **321**, 514 (1951).
[14] Bacila, M. u. E. S. G. Barron: Endocrinology **54**, 591 (1954).

Zusammenfassung

L. J. Danilowa: Zum Mechanismus der Anpassungsreaktionen bei der Abkühlung. Der Einfluß von ACTH, Kortison und DOC auf den Kohlenhydratstoffwechsel Neugeborener bei Abkühlung

Zur Klärung der Mechanismen der Resistenz gegen niedrige Temperaturen wurde der Einfluß der Nebennieren auf den Kohlenhydratstoffwechsel bei Neugeborenen untersucht.

Es wurde festgestellt, daß ACTH und Kortison den Glykogengehalt in der Leber und der Muskulatur der Ratten im Alter von 4, 7, 13, 18 und 30 Tagen erhöhen. Jedoch ist bei 4- und 7tägigen Ratten, bei neugeborenen Kaninchen, blinden Welpen und jungen, frühgeborenen Katzen das Glykogen der Leber und der Muskulatur stabil und dient nicht als energielieferndes Material bei der Abkühlung. Eine solche Glykogenumwandlung tritt bei ihnen erst zum Zeitpunkt ihrer Ausreifung ein, während sie bei Meerschweinchen bereits bei der Geburt besteht. Offensichtlich existiert eine Abhängigkeit zwischen der Fähigkeit zur Glykogenolyse und der Entwicklung der Thermoregulation. Bei Verminderung der Temperatur von 37° auf 18 °C fällt bei noch blinden Katzen in der Leber und bei älteren auch in der Muskulatur die anaerobe Glykolyse um 46 bis 48%, dagegen bei noch blinden Katzen in der Muskulatur um nur 15 bis 20%. Wahrscheinlich spielt diese Tatsache eine Rolle für die Resistenz der Neugeborenen gegen Unterkühlung. Das die Glykolyse hemmende Kortison hat deshalb einen negativen Einfluß auf die Anpassungsfähigkeit blinder Ratten- und Katzenjunge an niedrige Temperaturen.

Summary

L. Ya. Danilova: On the mechanism of adaptation to cooling. The effect of ACTH, cortisone and DOC on the carbohydrate metabolism of new-borns on cooling

The influence of the adrenals on the carbohydrate metabolism of new-borns has been investigated so as to clarify the mechanisms of resistance to low temperatures.

ACTH and cortisone were found to increase the glycogen content in the liver and the muscles of rats aged 4, 7, 13, 18 and 30 days. With 4 and 7 days old rats, new-born rabbits, blind puppies and young premature cats, however, the glycogen of the liver and the muscles proved to be stable and not serving as energy material on cooling. Such a glycogen conversion will occur only at the moment they ripe out, whilst in guinea pigs it is present already from the birth. Obviously there exists a dependence between the ability of glycogenolysis and the development of a thermoregulation. When reducing the incubation temperature from 37° to 18°, the anaerobic glycolysis falls in the liver of blind cats and of more grown ones also in the muscles by 46 to 48 percent, but in blind cats in the muscles by only 15 to 20 percent. This fact is obviously playing a part in the resistance of new-borns to undercooling. The glycolysis-inhibiting cortisone must consequently have a negative influence on the adaptibility of blind young rats and cats to low temperatures.

Адрес: Л. Я. Данилова, Киев-110. ул. Дачная 16-а, СССР.

Acta biol. med. german., Band 16, Seite 514—523 (1966)

Aus dem Institut für Ernährung der Deutschen Akademie der Wissenschaften zu Berlin, Potsdam-Rehbrücke
Bereich Chemie und Technologie der Lebensmittel (Leiter: Dr. M. ROTHE) und Bereich Physiologie der Ernährung (Leiter: Prof. Dr. H.-A. KETZ)

Untersuchungen zur Resorption von Zitronensäure im Magen-Darm-Kanal von Rattensäuglingen

U. BEHNKE, H.-A. KETZ und K. TÄUFEL[1]

(Eingegangen am 11. 12. 1965)

Zusammenfassung

Als Beitrag zum Für und Wider einer gesäuerten Milchnahrung bei menschlichen Säuglingen werden Untersuchungen über das Verhalten der Zitronensäure im Magen-Darm-Trakt von Rattensäuglingen beschrieben. Bei einer Belastung mit 400 mg Zitronensäure/1 kg Körpergewicht treten gegenüber erwachsenen Ratten Unterschiede auf. Der Säuretransport vom Magen in den Dünndarm ist beträchtlich verlangsamt, die Verweildauer im Dünndarm verlängert. Der von Natur aus beim Rattensäugling etwa doppelt so hohe Zitratgehalt im Blut gegenüber erwachsenen Tieren steigt nach peroraler Zufuhr der Säure deutlich langsamer und geringer an, was auf verzögerte Resorption schließen läßt. Die Aktivitäten der Akonitat-hydratase und Isozitrat-dehydrogenase in der Dünndarmmukosa sind bei den Tiersäuglingen leicht erniedrigt, so daß gegenüber erwachsenen Tieren mit einem verzögerten metabolischen Umsatz der Zitronensäure zu rechnen ist. Die Ergebnisse werden im Hinblick auf das Verhalten des menschlichen Säuglings gegenüber gesäuerter Milchnahrung diskutiert.

Vor einiger Zeit berichteten wir über Ort, Umfang und Geschwindigkeit der Resorption von Zitronensäure sowie über ihre enzymatische Umsetzung im Magen-Darm-Trakt erwachsener Ratten [1]. Danach werden 64 mg peroral an etwa 150 g schwere Tiere verabfolgte Zitronensäure (427 mg/kg Körpergewicht (KG)) innerhalb von 100 min im Dünndarm zu fast 25% resorbiert und mit dem Portalvenenblut der Leber zugeführt, während etwa 65% im Verlauf der Resorption in der Mukosa der Metabolisierung — im wesentlichen über den Zitronensäurezyklus — unterliegen. In Fortsetzung dieser Untersuchungen haben wir den Resorptionsverlauf der Zitronensäure bei Rattensäuglingen verfolgt. Veranlassung hierzu war die in den letzten Jahren sehr rege wiederaufgegriffene Diskussion um das Für und Wider einer gesäuerten Milchnahrung für menschliche Säuglinge.

[1] Für gewissenhafte experimentelle Mitarbeit danken wir Fräulein CH. FRITZ, Fräulein R. URBAT und Frau H. KÖHLER.

Droese et al. [2]—[8] untersuchten im ersten Trimenon insbesondere das Verhalten von Säuglingen, die mit Milchmischungen ohne bzw. mit Milchsäurezusatz ernährt wurden. Aus den Ergebnissen wurde gefolgert, daß das erhöhte Angebot an organischen Säuren bzw. sauren Valenzen bei einem Teil der Säuglinge ($^1/_4$—$^1/_3$ der untersuchten Probanden) die Leistungsfähigkeit von Leber und Nieren übersteigt; dies führt zu metabolischer Azidose mit Erniedrigung der Alkalireserve und zur Erhöhung von Chlor und Reststickstoff im Blut. Resorption und Retention von Stickstoff werden nicht verbessert, sondern häufig sogar verschlechtert. Diese Befunde sind bei milchreichen $^4/_5$-Mischungen besonders ausgeprägt. Nach Zitronensäurezusatz zur $^1/_2$- und $^2/_3$-Milchmischung (1 Citrette = 0,38 g Zitronensäure auf 100 ml Vollmilch) finden die Autoren im Harn eine geringe Zunahme an organischen Säuren, ferner eine deutliche Abnahme der Zitronensäure und der Ketonkörper. Ob die zuletzt genannten Befunde für den gesunden Säugling vor- oder nachteilig sind, steht noch dahin, doch geben Droese und Stolley [6], [8] an, daß die Zitronensäure insbesondere bei jungen Säuglingen die Fett- und Basenausnutzung leicht verschlechtert und zum vermehrten Spucken und Erbrechen sowie zu dünnen Stühlen führt.

Diesen Befunden von Droese stehen Angaben von Donath [12] gegenüber, wonach Tausende von Säuglingen mit angesäuerter Milch gut gediehen. Nach Ergebnissen von Zeisel et al. [9], [10], rufen mit Zitronensäure gesäuerte Milchnahrungen bei 1—6 Monate alten Säuglingen signifikante Änderungen bei verschiedenen Stoffwechseldaten (Zitratgehalt, *p*H-Wert, CO_2-Partialdruck und Standard-Bikarbonat im Blut) nicht hervor. Simon et al. [11] weisen darauf hin, daß Säurezusätze zu Milchzubereitungen einen Sicherheitsfaktor gegenüber einer möglichen, mikrobiell bedingten Nitratreduktion darstellen. Nicht unerwähnt sei, daß nach Ergebnissen von Baumgärtner und Ketz [13] mit Zitronen- bzw. Milchsäurezusatz ernährte junge Albinoratten gegenüber Kontrolltieren eine signifikant höhere Zunahme des KG aufwiesen.

Vergleicht man die Mengen an Zitronensäure, die bei Trinkmengen von $^1/_6$ des Körpergewichtes zugeführt werden, so ergeben sich die in Tabelle 1 angegebenen Werte;

Tabelle 1
Zitronensäuregehalt von verschiedenen Säuglings-Milchnahrungen

Milchart	Zitronensäure l[3] [mg]	Zitronensäurezufuhr [mg je 1 Tag und 1 kg KG]
Frauenmilch	500	83
$^2/_3$-Kuhmilch	1334	222
Citrosan[1]	3076	510
Citretten + $^2/_3$-Kuhmilch[2]	3446	575

[1] VEB Dauermilchwerke Stendal und Genthin; 100 ml Milchnahrung enthalten 15 g Citrosan-Pulver.

[2] Chemische Fabrik Joh. A. Benckiser GmbH, Ludwigshafen/Rhein; 1 Citrette je 100 ml Vollmilch.

[3] Eigene Untersuchungen

diese Menge ist auf 5 Mahlzeiten am Tag verteilt. Nach Tabelle 1 erhalten also die Säuglinge bei Ernährung mit $^2/_3$-Kuhmilch die 2,7fache, mit Citrosan die 6,2fache, mit Citretten + $^2/_3$-Kuhmilch die 7,0fache Menge an Zitronensäure gegenüber der Ernährung mit Muttermilch. Der Zitronensäuregehalt von Rattenmilch liegt bei 200 mg/500 g Milch. Danach nimmt ein Rattensäugling von 10 g KG bei einer Trinkmenge von 2,3 g Milch/24 Std. etwa 92 mg Zitronensäure je 1 Tag und 1 kg KG auf. Dieser Wert liegt in gleicher Größenordnung wie beim menschlichen Säugling (vgl. Tab. 1).

Tabelle 2

Gewicht und Zitronensäuregehalt verschiedener Organe und Körperflüssigkeiten von Rattensäuglingen

Organ	Gewicht: Anzahl der Tiere (N)	$\bar{x}$ [g]	s [g]	v [%]	Zitronensäure: Anzahl der Tiere (N)	Anzahl der Proben (P)	Anzahl der Tiere für 1 Probe (z_i)	$\bar{x}$ [µg/g Gewebe]	s [µg/g Gewebe]	v [%]	$\bar{x}_g$ [µg/Tier]	s [µg/Tier]	v [%]
Magen	108	0,382	±0,207	±54,2	108	8	6–29	43,8	±16,8	±38,3	15,0	±2,8	±18,7
Dünndarm	108	0,481	±0,087	±18,1	108	8	6–29	55,1	± 8,6	±15,6	26,0	±3,9	±15,0
Dickdarm	66	0,096	±0,025	±26,0	66	3	18–29	67,8	± 4,6	± 6,8	6,46	±1,50	±23,2
Blut	41	etwa 0,3 g/Tier			41	5	7– 9	55,0	± 1,7	± 3,1	–	–	–
Harn	42	etwa 0,07 ml/Tier			42	3	13–15	24,4[1]	± 1,6[1]	± 6,6	–	–	–

[1] µg/ml

Ziel unserer Untersuchungen ist es, im Hinblick auf die im Schrifttum zutage tretenden Diskrepanzen weitere Beiträge zu liefern, ob während Umsatz und Resorption von peroral verabfolgter Zitronensäure bei als Modell herangezogenen Rattensäuglingen Unterschiede gegenüber den früher getesteten erwachsenen Ratten bestehen.

Methodik

Die Untersuchungen wurden an 10 Tage alten, etwa 10 g schweren Wistarratten beiderlei Geschlechts (Zucht Rehbrücke) durchgeführt; sie wurden 2 Std. vor Versuchsbeginn von der Mutter abgesetzt.

Bestimmungen über Umfang und Geschwindigkeit der Resorption von Zitronensäure

Bei den Zitronensäurebelastungen erhalten die Tiere 4,0 mg Zitronensäure in 0,1 ml physiologischer Kochsalzlösung per Schlundsonde; das sind 400 mg/1 kg KG und liegt somit etwas unter der Tageszufuhr eines menschlichen Säuglings bei Ernährung mit Zitronensäure-Milchnahrung (Tab. 1). Die gesamte Menge wird auf einmal verabfolgt, damit die Meßresultate außerhalb der biologischen Schwankungsbreite liegen und mit unseren früheren Ergebnissen an erwachsenen Ratten [1] vergleichbar sind.

4–29 Tiere (Kontrolltiere sofort, Tiere mit Belastung jeweils 30, 60, 90, 120, 150 bzw. 180 min nach der Zitronensäure-Applikation) werden durch Dekapitation getötet; dem aufgefangenen Blut wird zur Verhinderung der Gerinnung wie üblich Heparin zugesetzt. Vom herauspräparierten Magen-Darm-Trakt werden Magen, Dünndarm (einschließlich Blinddarm) sowie Dickdarm einzeln gewogen, zur Untersuchung aber — wegen des z. T. sehr geringen Zitronensäuregehaltes — jeweils 4–6 der Organe (in einigen Fällen auch mehr) vereinigt und in 5 ml einer 20%igen Trichloressigsäure gelegt; 0,5 ml

Blut erhalten einen Zusatz von ebenfalls 5 ml Trichloressigsäure. Die weitere Vorbehandlung sowie die Bestimmung der Zitronensäure erfolgt wie bereits beschrieben [1].
Harn wird durch Punktion aus der meist mehr oder weniger gefüllten Harnblase entnommen; man ermittelt den Zitratgehalt in Sammelproben von etwa 15 Tieren, den *p*H-Wert in Einzel- oder in Sammelproben mittels einer Mikro-Glaselektrode.

Aktivitäten von Akonitat-hydratase (EC 4.2.1.3) und Isozitrat-dehydrogenase (EC 1.1.1.42) in der Dünndarm-Mukosa

Gewinnung der Dünndarm-Mukosa und Bestimmung der Fermentaktivitäten erfolgten gemäß unserer früheren Mitteilung [1]; der Proteingehalt der Enzymlösungen wird nach Folin-Ciocalteu [14] ermittelt.

Ergebnisse

Resorption und Umsatz von Zitronensäure im Magen-Darm-Kanal

Die Gewichte von Magen, Dünndarm und Dickdarm (mit Inhalt), die Zitronensäuregehalte dieser Organe sowie die von Blut und Harn unbelasteter Rattensäuglinge sind in Tabelle 2 wiedergegeben. Zur statistischen Auswertung dienen die Formeln (1) und (2); bei sehr geringer Menge an vorliegender Zitronensäure werden mehrere Organe zu 1 Probe vereinigt und dann die Formeln (2) benutzt.

$$s = \pm \sqrt{\frac{\sum x_i^2 - \frac{\sum (x_i)^2}{N}}{N-1}}; \quad \bar{x} = \frac{\sum x_i}{N}; \quad v\,[\%] = \frac{s \cdot 100}{\bar{x}} \qquad (1)$$

$$s = \pm \sqrt{\frac{\sum z_i x_i^2 \frac{(\sum z_i x_i)^2}{N}}{N-1}}; \quad \bar{x}_g = \frac{\sum z_i x_i}{N}; \quad v\,[\%] = \frac{s \cdot 100}{\bar{x}_g} \qquad (2)$$

Es bedeuten:

s = Standardabweichung; x_i = Einzelwert; N = Anzahl der Einzelwerte; $\bar{x}$ = arithmetisches Mittel; z_i = Anzahl der Tiere für 1 Probe; $\bar{x}_g$ = gewogenes arithmetisches Mittel; v = Variabilitätskoeffizient

In Tabelle 3 sind diejenigen Mengen an Zitronensäure angegeben, die nach peroraler Applikation von 4000 μg in den Verdauungsorganen von jeweils 1 Tier nach Abzug der Werte ohne Belastung (Tab. 2) erhalten werden („Mehrwert"). Der noch rudimentäre Blinddarm wurde dem Dünndarm zugeordnet. Auf eine Bestimmung von Zitronensäure im Portalvenenblut der Rattensäuglinge — und damit auf eine Unterscheidungsmöglichkeit zwischen resorbierter und in der Mukosa umgesetzter Zitronensäure — wurde aus methodischen Gründen verzichtet.
In einigen Fällen werden *p*H-Wert und Zitronensäure im Harn ermittelt; Unterschiede lassen sich bei den Versuchen ohne und mit Zitronensäurebelastung (30 min) nicht erkennen; die *p*H-Werte liegen jeweils zwischen 5,1 und 6,8 (30 Proben) und die Zitratgehalte zwischen 22 und 30 μg/ml (3 Proben).

Tabelle 3. Mehrwert an Zitronensäure in Magen, Dünndarm, Dickdarm und Blut von Rattensäuglingen nach peroraler Applikation von 4000 μg Zitronensäure

Organ		Resorptionszeit [min]						
		0	30	60	90	120	150	180
Magen								
Anzahl der Tiere (N)		—	61	76	30	49	30	30
Anzahl der Proben (P)		—	12	14	5	6	5	5
Anzahl der Tiere für 1 Probe (z_i)		—	4—6	5—6	6	6—19	6	6
Mehrwert an Zitronensäure	$\bar{x}_g$ [μg/Tier]	4000	3077	2559	2000	1111	546	580
	s [μg/Tier]	—	±358	±513	±508	±116	±185	± 31
	v [%]	—	± 12	± 20	± 25	± 10	± 34	± 5
Dünndarm								
Anzahl der Tiere (N)		—	56	76	30	49	30	30
Anzahl der Proben (P)		—	11	14	5	6	5	5
Anzahl der Tiere für 1 Probe (z_i)		—	4—6	5—6	6	6—19	6	6
Mehrwert an Zitronensäure	$\bar{x}_g$ [μg/Tier]	0	852	1169	1768	911	1148	242
	s [μg/Tier]	—	±278	±164	±280	±169	±109	±129
	v [%]	—	± 34	± 14	± 16	± 18	± 10	± 53
Dickdarm								
Anzahl der Tiere (N)		—	30	30	60	30	30	30
Anzahl der Proben (P)		—	5	5	10	5	5	5
Anzahl der Tiere für 1 Probe (z_i)		—	6	6	6	6	6	6
Mehrwert an Zitronensäure	$\bar{x}_g$ [μg/Tier]	0	— 2,1	1,4	— 2,4	— 0,6	2,1	— 1,8
	s [μg/Tier]	—	± 0,6	± 2,3	± 0,9	± 0,4	± 3,0	± 0,5
	v [%]	—	± 29	±164	± 38	± 67	±143	± 28
Blut								
Anzahl der Tiere (N)		—	64	76	30	30	30	30
Anzahl der Proben (P)		—	10	11	5	5	5	5
Anzahl der Tiere für 1 Probe (z_i)		—	4—8	6—8	6	6	6	6
Mehrwert an Zitronensäure	$\bar{x}_g$ [μg/g]	0	4,3	10,9	2,3	25,0	0,4	— 2,2
	s [μg/g]	—	± 7,2	± 11,8	± 4,2	± 20,2	± 2,1	± 6,2
	v [%]	—	±168	±108	±183	± 81	±552	±282

Aktivität der Akonitat-hydratase und Isozitrat-dehydrogenase der Dünndarmmukosa

Die ermittelten spezifischen Aktivitäten sind in Tabelle 4 wiedergegeben. Auf Erfassung der Werte bei Blind- und Dickdarm mußte wegen zu geringer Menge an Mukosa verzichtet werden; zum Vergleich sind in Tabelle 4 die entsprechenden Befunde bei erwachsenen Ratten [1] angegeben.

Tabelle 4
Akonitat-hydratase und Isozitrat-dehydrogenase in der Dünndarm-Mukosa von Ratten

		Säuglinge	Erwachsene Ratten
Anzahl der Tiere (N)		145	9
Anzahl der Proben (P)		6	2
Anzahl der Tiere für 1 Probe (z_i)		17–30	4–5
Mukosa-Menge je 1 Ratte	$\bar{x}_g$ [g]	0,106	2,62
	s [g]	± 0,050	± 0,22
	v [%]	±47,2	± 8,4
Protein je 1 g Mukosa	$\bar{x}_g$ [mg]	67,2	43,3
	s [mg]	±15,8	± 3,5
	v [%]	±23,5	± 8,1
Spezifische Aktivität[1] Akonitat-hydratase	$\bar{x}_g$	0,010	0,020
	s	± 0,004	± 0,007
	v [%]	±40,0	±35,0
Isozitrat-dehydrogenase	$\bar{x}_g$	0,068[2]	0,094
	s	± 0,010	± 0,009
	v [%]	±14,7	± 9,6

[1] Spezifische Aktivität = umgesetzte μMole Substrat je 1 min und je 1 mg Protein bei 20 °C

[2] $N = 98$; $P = 4$; $z_i = 17-30$

Diskussion

Vergleicht man die Ergebnisse bei Rattensäuglingen mit denen bei erwachsenen Ratten [1], so manifestieren sich in qualitativer Hinsicht analoge Verhältnisse. Während einer Versuchszeit von 3 Std. nach peroraler Belastung wird die Zitronensäure kontinuierlich aus dem Magen entfernt. Sie wird im Dünndarm resorbiert bzw. durch die in der Mukosa vorhandene Akonitat-hydratase sowie Isozitrat-dehydrogenase metabolisiert und gelangt dementsprechend nicht in den Dickdarm; der Zitratgehalt des Blutes wird während der Resorption vorübergehend erhöht.

Die quantitativen Verhältnisse aber unterscheiden sich deutlich bei den 2 geprüften Altersgruppen der Ratten. Eine Bilanz über die Verteilung der

Zitronensäure im untersuchten Resorptionszeitraum bei Säuglingen und bei erwachsenen Tieren ist in Abbildung 1 wiedergegeben. Augenfällig ist, daß bei den Säuglingen die Umsatz- bzw. Resorptionsbereitschaft in den ersten

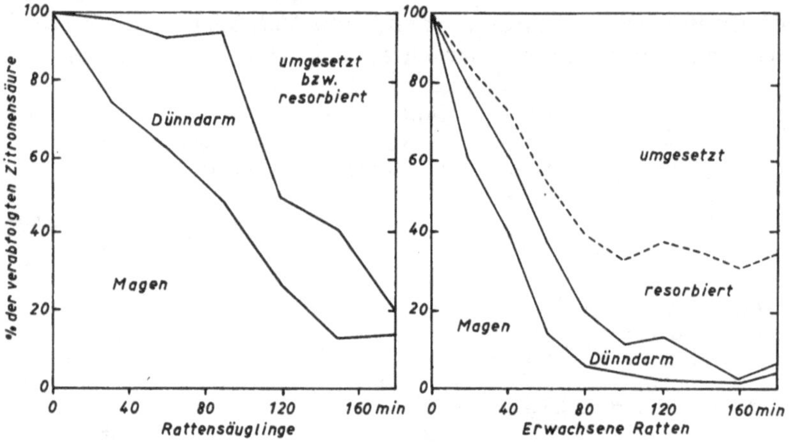

Abb. 1. Verteilung der Zitronensäure im Verdauungstrakt nach peroraler Applikation von Zitronensäure bei Rattensäuglingen (4 mg/Tier = 400 mg/kg KG = 100%) und bei erwachsenen Ratten (64 mg/Tier = 427 mg/kg KG = 100%)

90 min sehr gering ist; bei den erwachsenen Tieren sind demgegenüber zur gleichen Zeit etwa 85% der verabfolgten Zitronensäure der Resorption bzw. Metabolisierung anheimgefallen. Nach diesen 90 min, die bei den Säuglingen als eine „lag"- bzw. Adaptationsphase aufgefaßt werden können, unterliegt die Säure auch bei den Säuglingen den genannten Umsetzungen mit fast der gleichen Geschwindigkeit, wie sie bei den erwachsenen Ratten bereits zu Versuchsbeginn beobachtet worden ist. Bei den infantilen Tieren ist die Geschwindigkeit, mit der die Zitronensäure den Magen verläßt, wesentlich herabgesetzt; der verbleibende prozentuale Anteil der verabfolgten Säure ist im Magen während der gesamten untersuchten Resorptionszeit dementsprechend deutlich erhöht.

Die Belastung ist bei Säuglingen (400 mg/kg KG) und erwachsenen Tieren (427 mg/kg KG) etwa gleich groß gewählt worden. Es ist jedoch zu berücksichtigen, daß der prozentuale Anteil der Verdauungsorgane am KG bei den beiden Altersgruppen z. T. recht beträchtliche Unterschiede aufweist (Tab. 5).

Bezieht man die verabfolgte Menge Zitronensäure auf das Magengewicht, so resultiert bei den Säuglingen eine Belastung mit 10,5 mg Zitronensäure je 1 g Magen, bei den erwachsenen Tieren aber eine solche mit 34,9 mg/1 g Magen, d. h. das 3,3fache. Abbildung 2 zeigt das Resorptionsverhalten der Zitronensäure gemäß dieser Berechnungsgrundlage. Die wesentlich größere Geschwindigkeit der Abnahme an dieser Säure im Magen der erwachsenen

Tabelle 5

Anteil von Magen, Dünndarm und Dickdarm am Gesamt-Körpergewicht von Rattensäuglingen und von erwachsenen Ratten

Organ	Säuglinge (10 g)		Erwachsene Tiere (150 g)	
	[g]	[% vom KG]	[g]	[% vom KG]
Magen	0,382	3,82	1,87	1,25
Dünndarm	0,481	4,81	5,74	3,82
Dickdarm	0,096	0,96	1,64	1,08

Ratten kommt besonders deutlich zum Ausdruck. Die Zunahme im Dünndarm ist bei beiden Gruppen zunächst von etwa gleicher Größenordnung; die Zitratgehalte der erwachsenen Tiere streben aber wesentlich schneller

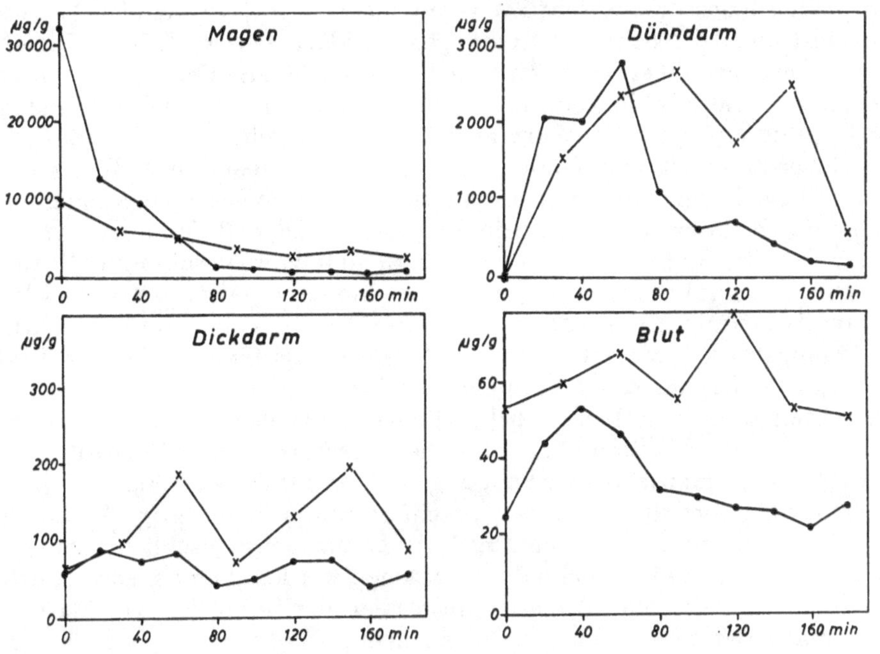

Abb. 2. Gehalt an Zitronensäure im Magen, Dünndarm, Dickdarm (jeweils mit Inhalt) und Blut nach peroraler Applikation von Zitronensäure an Rattensäuglinge und erwachsene Ratten. ×——× = Säuglinge; ●——● = Erwachsene

den Ausgangswerten zu. Im Dickdarm ist eine sichere Erhöhung der Zitronensäurewerte in beiden Fällen nicht zu erkennen. Die anscheinend höheren Werte bei den Säuglingen nach 60, 120 und 150 min sind auf zufällige, besonders niedrige Gewichte der Dickdärme der Tiere zurückzuführen (vgl. Tab. 3). Der Zitratgehalt des Blutes im unbelasteten Zustand ist bei den Säuglingen etwa doppelt so hoch wie bei den erwachsenen Tieren.

Bei letzteren tritt aber im ersten Drittel der Versuchsperiode ein scharfes Maximum auf, nach 80—100 min aber — Abschluß der Hauptresorptionsphase — sinken die Werte wieder auf den Ausgangspunkt ab. Bei den Säuglingen ist dagegen — von Schwankungen abgesehen, die in dieser Gruppe stets größer sind als bei den erwachsenen Tieren — nur ein flaches, sich über die ganze Versuchsperiode hinziehendes Maximum erkennbar; das dabei etwas herausragende Maximum nach 120 min findet seinen Gegenpol bei dem entsprechenden Minimum im Dünndarm und ist wohl als extremes Beispiel der biologischen Schwankungsbreite zu werten. Offenbar weisen die an einem Tage untersuchten, aus 4 Würfen stammenden Säuglinge der nach 120 min Belastung untersuchten Gruppen eine besonders gute Resorptionsfähigkeit auf.

Die während der ersten 90 min nur recht geringen resorbierten bzw. metabolisierten Mengen an Säure bei den Säuglingen (Abb. 1) können z. T. mit den — allerdings nicht wesentlich — verringerten Aktivitäten der Akonitathydratase und der Isozitrat-dehydrogenase erklärt werden (Tab. 4). Daneben manifestiert sich aber auch eine nicht unerhebliche Verzögerung in der Resorption, wie aus den erhöhten Zitrat-Werten im Dünndarm und den nur langsam ansteigenden Werten im Blut hervorgeht.

Die Beobachtungen von Droese et al. [2]—[8] über die z. T. schlechte Verträglichkeit von Zitronensäure bei sehr jungen menschlichen Säuglingen finden durch unsere an Rattensäuglingen erhobenen Befunde eine gewisse Stützung. Umsatz bzw. Resorption peroral an letztere verabfolgte Zitronensäure sind gegenüber erwachsenen Tieren eindeutig herabgesetzt; dies kann als eine Belastung des Stoffwechsels im noch nicht voll funktionstüchtigen Verdauungstrakt gewertet werden — weniger als eine solche des Blutes oder anderer Organe des Intermediärstoffwechsels, da offensichtlich deutlich verlangsamt resorbiert wird. Die von uns gewählten Bedingungen beim Tierversuch — einmalige Gabe der Tagesdosis ohne Beikost — sind gegenüber dem menschlichen Säugling — Tagesdosis auf 5 Mahlzeiten mit Milchnahrung verteilt — allerdings recht extrem und einseitig. Wenn auch Schlußfolgerungen aus unseren Ergebnissen auf den menschlichen Säugling nur mit Vorsicht und Zurückhaltung gezogen werden können, so vermitteln sie trotzdem wertvolle Anhaltspunkte bei der schlüssig zu klärenden Problematik der gesäuerten Säuglingsnahrung.

Literatur

[1] Behnke, U., H.-A. Ketz u. K. Täufel: Acta biol. med. german. **11**, 889 (1963).
[2] Droese, W.: Z. Ernährungswiss., Suppl. **1**, 26 (1961).
[3] Droese, W., u. H. Stolley: Arch. Kinderheilkunde **166**, 9 (1962).
[4] Droese, W., u. H. Stolley: Dtsch. med. J. **13**, 107 (1962).
[5] Droese, W. u. H. Stolley: Pädiatr. Prax. **2**, 329 (1963).
[6] Droese, W. u. H. Stolley: Med. u. Ernährung **5**, 169 (1964).
[7] Droese, W. u. H. Stolley: Klin. Wschr. **42**, 168 (1964).
[8] Droese, W. u. H. Stolley: Symp. über die Ernährung Frühgeborener, Bad Schachen, Mai 1964, Verlag Karger, Basel, New York 1965, S. 63.

[9] ZEISEL, H., T. HOCKERTS u. R. W. LÜHRS: Mschr. Kinderheilkunde **111**, 447 (1964).
[10] ZEISEL, H., T. HOCKERTS, R. W. LÜHRS u. H. VAGT: Mschr. Kinderheilkunde **112**, 56 (1964).
[11] SIMON, D., H. KAY u. G. MROWETZ: Milchwissenschaft **17**, 661 (1962).
[12] DONATH, A.: Diskussionsbeitrag zu [8].
[13] BAUMGÄRTNER, H. u. H.-A. KETZ: Ernährungsforschung **7**, 81 (1962).
[14] Zit. bei E. LAYNE: Methods in Enzymol. **3**, 447 (1957).

Summary

U. BEHNKE, H.-A. KETZ and K. TÄUFEL: Studies on the resorption of citric acid in the gastro-intestinal tract of rat sucklings

As a contribution to the question of acidulated milk food for human babies, studies were set up on the behavior of citric acid in the gastro-intestinal tract of rat sucklings. When giving 400 mg. of citric acid per kilogram of body weight, marked differences occur from adult rats. The acid transport from the stomach to the small intestine is considerably delayed, and its stay in the small intestine is prolonged. The citrate content in the blood of rat sucklings which is normally twice as high as in adults, increases after peroral administration of the acid more slowly and to a smaller extent, thus indicating a delayed absorption. The activities of aconitate hydratase and isocitrate dehydrogenase in the small intestine mucosa are slightly reduced so that a delayed metabolism of citric acid may be expected compared with adults. The results are discussed with respect to the response of human babies to acidulated milk food.

Резюме

У. Бенке, Г.-А. Кетц и К. Тойфель: Исследования о резорбции лимонной кислоты в желудочно-кишечном тракте крыс-сосунков

Как вклад к вопросу о подкисленном молочном питании грудного ребенка, авторы проводили исследования о поведении лемонной кислоты в желудочно-кишечном тракте крыс-сосунков. При введении 400 мг лемонной кислоты на 1 кг веса тела наблюдаются отличия от взрослых крыс. Транспорт кислоты от желудка в тонкий кишечник значительно замедлен, а время пребывания в тонком кишечнике повышено. Содержание цитрата в крови, которое у крыс-сосунков примерно вдвое больше, чем у взрослых животных, повышается при пероральном введении кислоты значительно медленнее, что указывает на замедление резорбции. Активности азонитрат-гидратазы и изоцитрат-дегидрогеназы в мукозе тонкого кишечника слегка понижены у сосунков, так что в сравнении с взрослыми животными можно ожидать замедление метаболического обмена лемонной кислоты. Полученные данные обсуждаются в отношении реакции грудного ребенка к подкисленному молочному питанию.

Acta biol. med. german., Band 16, Seite 524—539 (1966)

Aus der Deutschen Akademie der Wissenschaften zu Berlin, Institut für kortikoviszerale Pathologie und Therapie, Berlin-Buch (Direktor: Prof. Dr. med. R. BAUMANN)

Über umweltabhängige zentralnervöse Funktionsabläufe zu verschiedenen Zeitpunkten während einer 72stündigen Nahrungskarenz

K. HECHT, CH. KREHER und R. BAUMANN

(Eingegangen am 8. 1. 1966)

Zusammenfassung

Es wurde untersucht, welchen Einfluß die Nahrungskarenz auf die zentralnervöse Funktion unter verschiedenen Umweltbedingungen hat.

Zu diesem Zweck wurden 47 Albinoratten, die stets 50 g/kg Körpergewicht/Tag einer Standardkost erhielten, 6, 12, 18, 24, 30, 36, 60 und 72 Std. nach der Fütterung mit einer bedingt-reflektorischen motorischen Nahrungsmethode und einer bedingt-reflektorischen motorischen Abwehrmethode untersucht. Parallel dazu wurde in gleichen Abständen der Blutzucker kontrolliert.

Zu den einzelnen Prüfungszeitpunkten während der 72stündigen Nahrungskarenz ergaben sich unter den beiden Bedingungen (Nahrungs- und Abwehrsituation) unterschiedliche Reaktionsverläufe der bedingt-reflektorischen Tätigkeit.

In der Nahrungssituation waren bis zur 12. Std. nach der Fütterung die bedingt-reflektorischen Vorgänge gehemmt (herabgesetzte Nahrungserregbarkeit). Von der 24. bis 48. Std. nach der Nahrungsaufnahme wurden gesteigerte bedingt-reflektorische Abläufe (gesteigerte Nahrungserregbarkeit) beobachtet, und von der 48. bis 72. Std. waren die bedingten Reflexe wieder gehemmt (kompensatorisch bzw. adaptativ herabgesetzte Nahrungserregbarkeit).

Unter Abwehrbedingungen zeigten die bedingten Reflexe bis zur 48. Std. nach der Nahrungsaufnahme einen normalen Verlauf. Danach trat eine paradoxe Reaktionsweise auf, die durch Hemmung der bedingten Abwehrreflexe und Enthemmung der Differenzierung charakterisiert war. Es handelt sich dabei um die gleiche Reaktionsweise der Tiere, wie sie in einer früheren Arbeit [11] während der Entwicklung der Insulinwirkung bei beginnendem Mangel an Substratangebot von Glukose an das Gehirn zu sehen war.

Zwischen Blutzuckerverlauf und den Verläufen der bedingt-reflektorischen Größen konnte keine Parallele verifiziert werden.

Die möglichen Mechanismen der umweltabhängigen zentralnervösen Prozesse während einer 72stündigen Nahrungskarenz werden diskutiert.

Über die Bedeutung der gesteigerten Nahrungserregbarkeit als Folge des „Hungerns" und über die Rolle der herabgesetzten Nahrungserregbarkeit infolge von „Überfütterung" wurde im Zusammenhang mit Untersuchungen des bedingten Nahrungsreflexes von der PAWLOWschen Schule [17] verschiedentlich berichtet. Allerdings fehlen in diesen Berichten quantitative Angaben darüber, was unter den Begriffen „Überfütterung", „Sättigung", „relative Sättigkeit" und „Hunger" zu verstehen ist.

Größtenteils ist die Rede von einer eintägigen Hungerperiode, z. B. auch beim Test des Typs der höheren Nerventätigkeit der Tiere, ohne daß die Ausgangsfuttermenge und die genaue Zeitspanne nach der Nahrungsaufnahme angegeben wird. Die Ausgangsfuttermenge soll nach Krasnow [15] für das Erregungsniveau des Gehirns während des Ablaufs bedingter Nahrungsreflexe von Bedeutung sein. Bei den Untersuchungen der bedingten Nahrungsreflexe nach eintägiger Fastenzeit waren nicht immer übereinstimmende Ergebnisse zu beobachten [17]. Es traten vorwiegend folgende Varianten auf: Hemmung der bedingten Nahrungsreflexe, Steigerung der bedingt-reflektorischen Tätigkeit sowie Unbeeinflußbarkeit der bedingten Reflexe. Die Verabreichung von großen Nahrungsmengen vor dem Versuch bei unterschiedlicher Nahrungskarenz soll die bedingten Nahrungsreflexe stören (Zukerman et al. [22]). Nach den Ergebnissen von Cytawa und Jabukowicz [4] nimmt nicht allein die Übersättigung, sondern auch die Stärke der bedingten Reize Einfluß auf den Ausgang der bedingten Nahrungsreflexe.

Wenn auch ein Teil der unterschiedlichen und teilweise widersprüchlichen Resultate auf den „Typ" des ZNS der betreffenden Versuchstiere zurückgeführt wird, können dennoch nicht alle Erscheinungen zufriedenstellend geklärt werden. Offen ist auch die Frage nach dem Einfluß der Nahrungskarenz auf den bedingten Abwehrreflex. Wie aus einer Reihe von Arbeiten hervorgeht (Reynolds [19], Hall [8], Teghtsoonian und Campbell [21], Feher [6], Hall und Hanford [9], Campbell und Sheffield [3], Siegel und Steinberg [20], Richards und Leslie [18]), die über Untersuchungen der motorischen Aktivität und anderer Verhaltensweisen der Tiere nach Nahrungsentzug berichten, hat die Umweltsituation auf die Reaktivität keinen geringen Einfluß, d. h., der Hungerzustand ruft unter verschiedenen Umweltbedingungen unterschiedliche Reaktionen im Verhalten der Tiere hervor.

Mit der vorliegenden Arbeit beabsichtigen wir, folgende Fragen zu behandeln:

1. Welchen dynamischen Verlauf zeigen die bedingt-reflektorischen Prozesse mit zunehmender Nahrungskarenz, und lassen sich Standardwerte für bestimmte Zeitpunkte nach der Nahrungsaufnahme festlegen?
2. Gibt es Unterschiede dieses Verlaufes zwischen einer bedingt-reflektorischen motorischen Nahrungssituation (biologisch positive Umweltbedingung) und einer bedingt-reflektorischen motorischen Abwehrsituation (biologisch negative Umweltbedingung)?

Methodik

Für die Untersuchung verwendeten wir 47 männliche Albinoratten. Ihr Alter betrug 4—5 Monate, das Körpergewicht etwa 300 g.

Die Tiere wurden in Stoffwechselkäfigen einzeln gehalten und erhielten pro Tag 50 g/kg eines getrockneten gepressten Standardfutters (VEG-Spezialgebiet, Berlin-Altglienicke).

Zusammensetzung des Futters: Weizenschrot 58%, Magermilchpulver 25%, Kartoffelstärke 3%, Nährhefe 4%, Sojaschrot 3%, Fischmehl 2%, Lebertran 1%, Haferschrot 2%, Futterkalk 2%.

Die Futtermenge ergab sich aus langer Erfahrung und hat sich bei der Haltung unserer Versuchstiere bewährt. Das Futter wurde in einer den Stoffwechselkäfigen angeschlossenen Glasröhre verabreicht. Somit war es nicht möglich, daß die Tiere die Nahrung verwüsteten. Auch eine zusätzliche Beschaffung von Futter war in den Stoffwechselkäfigen völlig ausgeschlossen. Wasser stand ad libitum zur Verfügung.

Die bedingten Reflexe wurden bei einer Versuchsgruppe mit einer Abwehrmethode, bei einer anderen Versuchsgruppe mit einer Nahrungsmethode ausgearbeitet.

Bei der Nahrungsmethode mußten die Tiere nach dem Zurücklegen einer Strecke von 50 cm eine Pendelklappe öffnen, hinter der sich als unbedingter Reiz 0,5 ml einer 10%igen Glukoselösung befand. Pro Versuch erhielt jedes Tier bei 10 Bekräftigungen des bedingten Nahrungsreflexes insgesamt 0,5 g reine Glukose. Das Prinzip der Abwehrmethode bestand darin, daß die Tiere nach der Applikation eines elektrischen Reizes (50 Hz Wechselstrom mit einer Spannung von 20—40 V) über ein Wechselpolgitter auf die Pfoten der Tiere eine Strecke von 50 cm zurücklegen und mittels Druck auf einen Hebel den Strom ausschalten mußten. Näheres über die bedingt-reflektorische Methodik ist aus einer früheren Arbeit zu ersehen (Hecht und Bielecke [10]). Diese motorische Abwehr- bzw. motorische Nahrungsreaktion wurde mit optischen bzw. akustischen Reizen konditioniert. Als bedingte Reize dienten eine quadratische Lichtquelle, die am Ausgangsort des Tieres 42 Lux Beleuchtungsstärke aufwies, sowie ein Ton von 1000 Hz und 80 Phon. Die Differenzierungshemmung wurde auf einen optischen Reiz (Licht von 2 Lichtquellen mit einer Beleuchtungsstärke von 9 Lux am Ausgangsort des Tieres) und auf einen akustischen Reiz (Klickserie von 5 sec) ausgebildet. Die Anwendungsdauer des bedingten Reizes betrug 5 sec, die des Differenzierungsreizes 10 sec. Eine Differenzierung wurde als positiv gewertet, wenn das Tier innerhalb dieser 10 sec keine lokomotorische Reaktion zeigte.

Nach der Festigung der bedingten Reflexe und der Differenzierung wurde ein Stereotyp zusammengestellt, in dem jeweils 5 optische und 5 akustische bedingte Reize und je 3 (Nahrungsmethode) bzw. 4 (Abwehrmethode) optische und akustische Differenzierungsreize in ca. einminütigen Abständen zur Anwendung kamen. Die Festigung des Reizstereotyps erfolgte durch tägliche Anwendung. Die Nahrungskarenz betrug stets 18 Std., die Futtermenge pro Tag und Tier 50 g/kg Körpergewicht.

Nachdem der Stereotyp gefestigt worden war, d. h., nachdem die Tiere konstante Werte in den einzelnen Reaktionen zeigten, begannen die spezifischen Nahrungskarenzversuche.

Zuerst prüften wir, wie in den Tagen vorher, die bedingt-reflektorische Tätigkeit 18 Std. nach der üblichen Fütterung. Danach erhielten die Tiere ihre Futterration (50 g/kg), die sie innerhalb von 3 Std. verzehrten. 6, 12, 18, 24, 30, 36, 48, 60 und 72 Std. nach der Futteraufnahme erfolgten die bedingt-reflektorischen Untersuchungen. Parallel dazu wurden zusätzlich die Blutzuckerwerte untersucht (Hagedorn-Jensen-Methode, Doppelwertbestimmung).

Als bedingt-reflektorische Größen dienten zur Auswertung die Versagerquoten (prozentualer Anteil der Versagerreaktionen), die Reaktionszeiten (Zeit vom Beginn des Reizes bis zum Beginn der lokomotorischen Reaktion), die motorische Reaktionszeit (Zeit vom Beginn der lokomotorischen Reaktion bis zur Betätigung des Hebels), die Differenzierungsquote (prozentualer Anteil der ausgeführten Differenzierungsreaktionen) und die intersignalen Reaktionen.

Die Größen wurden getrennt für die optische und akustische Reizung ausgewertet und zusammengestellt.

Jedem in den Diagrammen eingetragenen Mittelwert liegen bei der Nahrungsmethode (12 Tiere) jeweils 60 Einzelwerte des bedingten Reflexes und 36 Einzelwerte der Differenzierung zugrunde. Bei der Abwehrmethode (15 Tiere) sind es 75 Einzelwerte für den Mittelwert des bedingten Reflexes und 60 Einzelwerte für die Differenzierung. Der statistische Vergleich wurde mit dem t-Test durchgeführt. Als Bezugswerte dienten die vor dem eigentlichen Versuch nach einer jeweils 18stündigen Nahrungskarenz gewonnenen Ausgangswerte. Statistisch signifikante Unterschiede zum Ausgangswert sind in den Diagrammen durch verstärkte Punkte zum Ausdruck gebracht worden.

Ergebnisse

Die Versagerquote des bedingten Nahrungsreflexes (Abb. 1) liegt 6 und 12 Std. nach der Fütterung signifikant über dem Ausgangswert und sinkt bis zur 36. Std. kontinuierlich ab. Von der 24. bis zur 72. Std. sind die Versagerquoten signifikant verkürzt. Die niedrigste Versagerquote ist in der 36. Std. zu vermerken. Danach weist der Verlauf der Kurve eine sehr gering ansteigende Tendenz auf. Zwischen den Reaktionen auf optische und akustische Reize besteht kein Unterschied.

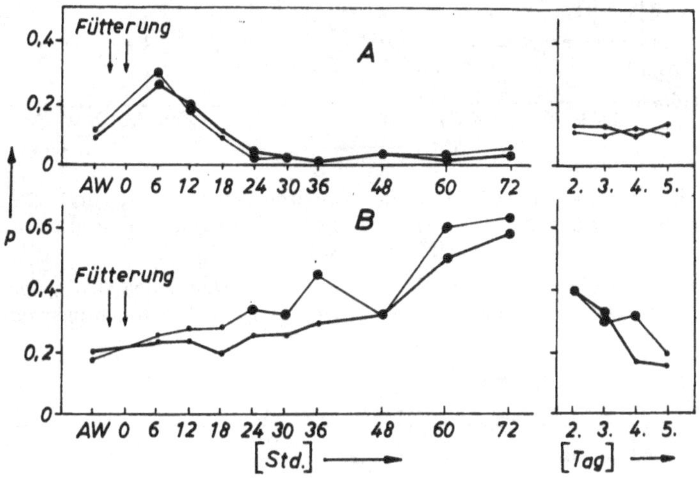

Abb. 1. Versagerquoten des bedingten Nahrungsreflexes (A) und des bedingten Abwehrreflexes (B) während einer 72stündigen Nahrungskarenz und darauf folgender Nachkontrollen.
= optischer bedingter Reiz; ——— = akustischer bedingter Reiz;
—●— = statistisch gesicherte Werte, bezogen auf den Ausgangswert (AW);
p = Ereignishäufigkeit

Beim bedingten Abwehrreflex zeigt die Versagerquote mit zunehmender Nahrungskarenz einen zunehmenden Anstieg. Dabei haben die Reaktionen auf optische Reize bereits von der 24. Std. nach der Fütterung, die Reaktionen auf akustische Reize erst von der 48. Std. an eine signifikante Differenz zum Ausgangswert. Während beim bedingten Nahrungsreflex keine Nachwirkungen in den folgenden Tagen zu beobachten sind, zeigen die bedingten Abwehrreflexe erst am 4. bzw. 5. Tag nach der Hungerperiode eine dem Ausgangswert entsprechende Versagerquote.

Die Reaktionszeiten (Abb. 2) haben sowohl beim bedingten Nahrungsreflex als auch beim bedingten Abwehrreflex einen den Versagerquoten analogen Verlauf. Die Reaktionszeiten des Nahrungsreflexes sind 6 bzw. 12 Std. nach der Fütterung verlängert und von der 24. Std. an verkürzt. Die Tendenz von der 6. bis 36. Std. ist ebenfalls wieder abfallend und von der

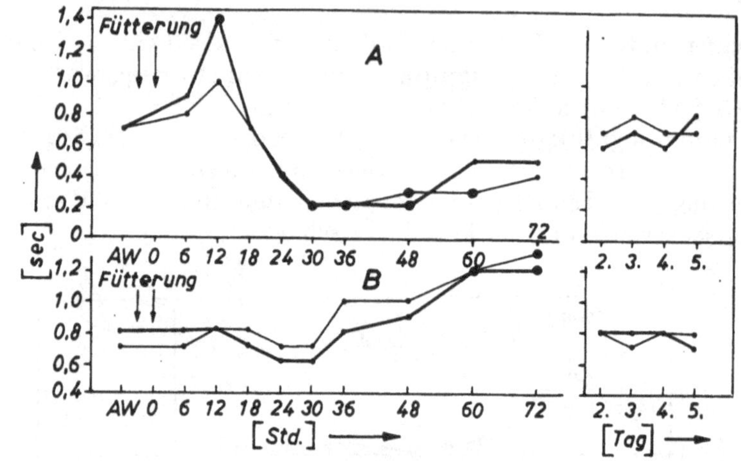

Abb. 2. Reaktionszeiten des bedingten Nahrungsreflexes (A) und des bedingten Abwehrreflexes (B) während einer 72stündigen Nahrungskarenz und darauf folgender Nachkontrollen.

——— = optischer bedingter Reiz; ——— = akustischer bedingter Reiz; —●— = statistisch gesicherte Werte, bezogen auf den Ausgangswert (AW)

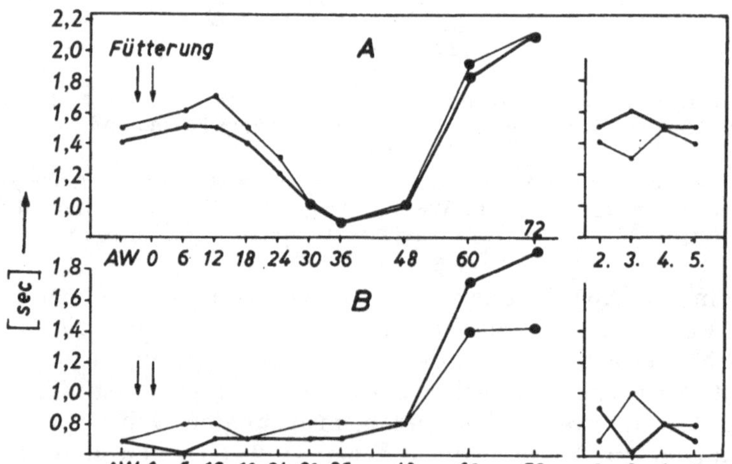

Abb. 3. Motorische Reaktionszeit des bedingten Nahrungsreflexes (A) und des bedingten Abwehrreflexes (B) während einer 72stündigen Nahrungskarenz und darauf folgender Nachkontrollen.

——— = optischer bedingter Reiz; ——— = akustischer bedingter Reiz; —●— = statistisch gesicherte Werte, bezogen auf den Ausgangswert (AW)

36. bis 72. Std. wieder leicht ansteigend. Die Reaktionszeiten der bedingten Abwehrreflexe zeigen mit zunehmender Nahrungskarenz einen zunehmenden Anstieg, der zur 60. und 72. Std. nach der Fütterung signifikante Unterschiede aufweist. Eine Nachwirkung ist in keinem der beiden Fälle zu beobachten.

Zwischen den beiden Reizqualitäten (optisch und akustisch) gibt es keinen wesentlichen Unterschied.

Die motorische Reaktionszeit (Abb. 3) verkürzt sich bei der Nahrungsmethode bis zur 36. Std. in zunehmendem Maße und erreicht zur 30., 36. und 48. Std. nach der Fütterung statistisch gesicherte Werte im Vergleich zur Ausgangssituation. In der 60. und 72. Std. ist sie signifikant verlängert. Auch hier hat der Verlauf der Kurve von der 6. bis 36. Std. eine fallende, von der 36. bis 72. Std. nach der Nahrungsverabreichung eine steigende Tendenz.

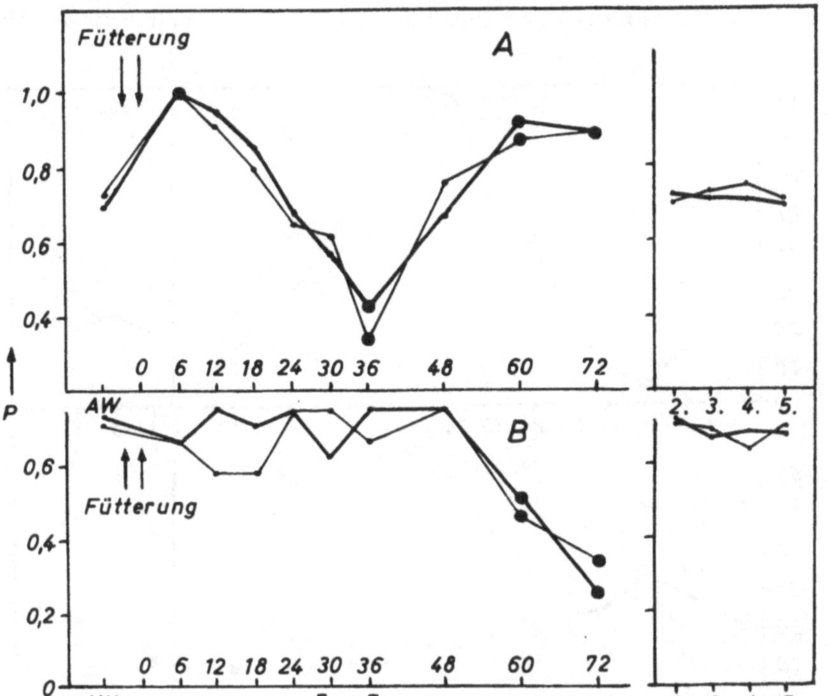

Abb. 4. Differenzierungsquote der bedingten Nahrungsmethode (A) und der bedingten Abwehrmethode (B) während einer 72stündigen Nahrungskarenz und darauf folgender Nachkontrollen.

——— = optischer bedingter Reiz; ▬▬▬ = akustischer bedingter Reiz; —●— = statistisch gesicherte Werte, bezogen auf den Ausgangswert (AW); p = Ereignishäufigkeit

Beim bedingten Abwehrreflex ist die motorische Reaktionszeit bis zur 48. Std. nach der Fütterung nicht beeinträchtigt. Erst von der 60. Std. an treten statistisch gesicherte, längere motorische Reaktionszeiten auf. Dabei sind die Reaktionen auf akustische Reize stärker beeinflußt als die auf optische Reize. Eine Nachwirkung ist bei dieser Größe nicht zu beobachten.

Die Differenzierungsquote (Abb. 4) der bedingten Nahrungsmethode hat von der 6. bis 36. Std. nach der Fütterung einen kontinuierlichen Abfall zu verzeichnen, um dann wieder steil bis zur 72. Std. anzusteigen. Die Differenzierungsquote der Abwehrmethode bleibt bis zur 48. Std. unbeeinflußt, um dann eine abfallende Tendenz mit signifikanten Unterschieden zur Ausgangssituation zu zeigen. Auch auf die Differenzierungshemmung hat der Hungerzustand keine Nachwirkung.

Die intersignalen Reaktionen (Abb. 5) bei der Nahrungsmethode verlaufen parallel zur Differenzierungshemmung. Mit zunehmender Enthemmung, d. h., mit abnehmender Differenzierungsquote, nehmen auch die intersignalen

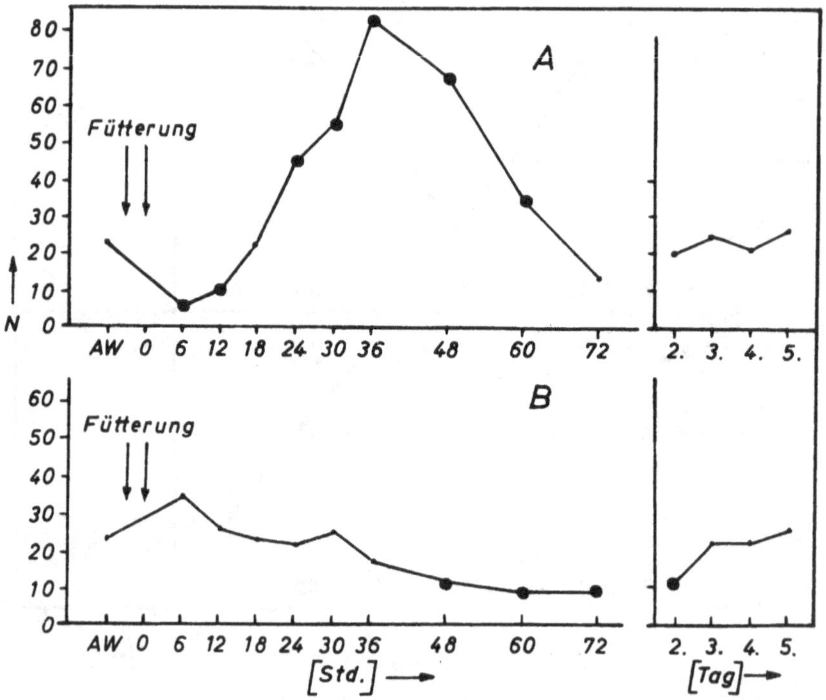

Abb. 5. Intersignale Reaktionen der bedingten Nahrungsmethode (A) und der bedingten Abwehrmethode (B) während einer 72stündigen Nahrungskarenz und darauf folgender Nachkontrollen.

——— = optischer bedingter Reiz; ▬▬▬ = akustischer bedingter Reiz; —●— = statistisch gesicherte Werte, bezogen auf den Ausgangswert (AW). N = Anzahl

Reaktionen zu bzw. umgekehrt, mit verstärkter Hemmungstendenz treten die intersignalen Reaktionen weniger häufig auf.

Die Abwehrmethode dagegen zeigt mit zunehmender Nahrungskarenz eine Abnahme der intersignalen Reaktionen, die von der 48. Std. nach der Fütterung signifikante Unterschiede zur Ausgangssituation aufweisen. Eine Normalisierung tritt erst am 3. Tag nach Beendigung der Hungerzeit auf.

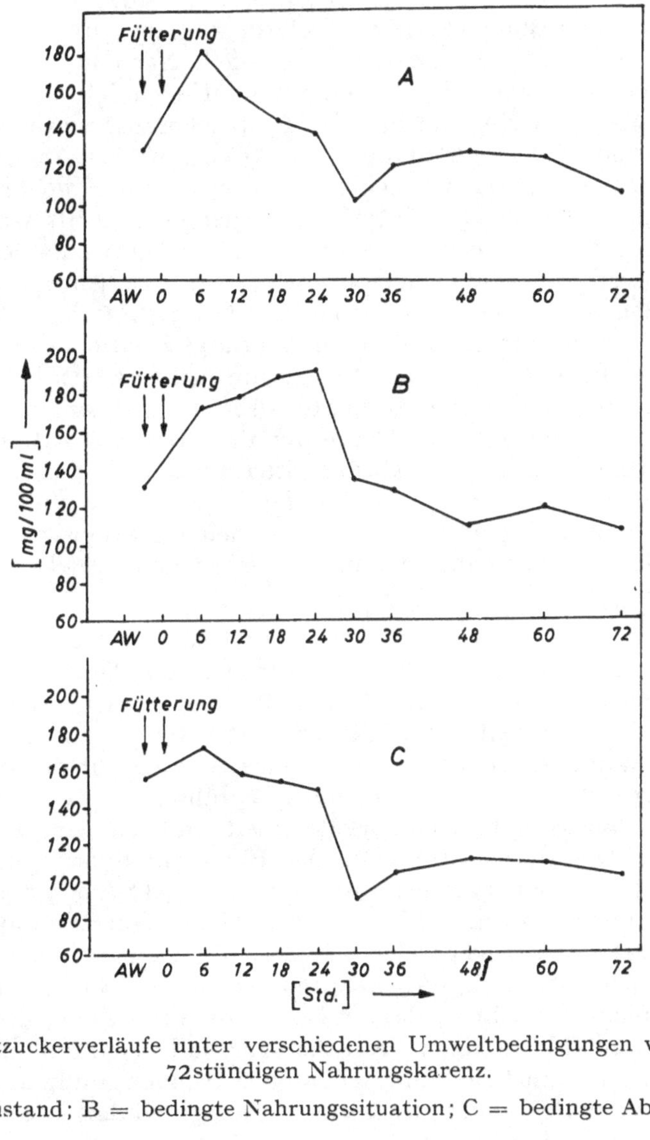

Abb. 6. Blutzuckerverläufe unter verschiedenen Umweltbedingungen während einer 72stündigen Nahrungskarenz.

A = Ruhezustand; B = bedingte Nahrungssituation; C = bedingte Abwehrsituation

In der Abbildung 6 haben wir 3 Blutzuckerverläufe dargestellt, die die glykämischen Verhältnisse im Ruhezustand sowie während der bedingten Nahrungs- und Abwehrreflexe zeigen.

Alle drei Blutzuckerkurven haben einen annähernd ähnlichen Verlauf. 6 Std. nach der Nahrungsaufnahme ist gegenüber der Ausgangssituation (18 Std. Nahrungskarenz) ein Anstieg des Blutzuckerspiegels zu verzeichnen. Danach ist bis zur 24. Std. ein kontinuierlicher Abfall festzustellen. Zu diesem Zeitpunkt liegt aber noch kein Wert unter dem Ausgangsblutzuckerspiegel. Erst zwischen der 24. und 30. Std. nach der Nahrungsaufnahme fällt das Blutzuckerniveau relativ steil ab. Offensichtlich ist das die allgemein bekannte ,,Hungerhypoglykämie''. Nach diesem steilen Abfall stellt sich der Blutzuckerspiegel auf ein nur geringen Schwankungen unterliegendes konstantes Niveau ein. Die Blutzuckerausgangswerte liegen in der Ruhe- und Nahrungssituation um 130 mg/100 ml, in der Abwehrsituation um 150 mg/100 ml. Damit bestätigen sich Ergebnisse früherer Untersuchungen (HECHT et al. [12], [13]), bei denen unter Stressbedingungen das Ausgangsblutzuckerniveau signifikant höher lag als im Ruhezustand. Die Höchstwerte des Blutzuckerspiegels nach der Nahrungsverabreichung liegen in allen drei Umweltsituationen um 180 mg/100 ml. Während sich im Ruhezustand und in der bedingten Nahrungssituation 30 Std. nach der Fütterung der Blutzucker auf ein Niveau um 120 mg/100 ml einstellt, liegt das Blutzuckerniveau bei der bedingten Abwehrsituation in diesem Zeitabschnitt um 100 mg/100 ml. Der unter der Abwehrsituation niedrigere Blutzuckerspiegel als in der Nahrungssituation könnte auf einen höheren Energieverbrauch unter den Stressbedingungen zurückzuführen sein, der sich aus einer überwiegenden sympathikotonen Reaktionslage ergibt. Auf ähnliche Erscheinungen haben wir auch in einer früheren Arbeit hingewiesen (HECHT et al. [13]).

Wir können feststellen, daß zwischen 24 und 30 Std. Nahrungskarenz der steilste Blutzuckerabfall erfolgt. Die Differenz zum Ausgangswert beträgt in der Nahrungssituation ca. 10 mg/100 ml, in der Abwehrsituation 50 mg/100 ml. Inwieweit der nach der Fütterung bis zur 24. Std. in der Nahrungssituation zu beobachtende geringe Anstieg auf die Bekräftigung der Nahrungsreflexe mit Glukose zurückzuführen ist oder ob dabei die gesamte Nahrungssituation eine Rolle spielt, müssen wir vorläufig noch offen lassen. Die Übereinstimmung des Blutzuckerniveaus in der Ruhe- und Nahrungssituation zwischen der 30. und 72. Std. nach der Fütterung spricht nicht unbedingt für den Einfluß der bei der Bekräftigung des bedingten Nahrungsreflexes zugeführten Glukose (0,5 g pro Versuch und Tier). Auf die Nahrungsbekräftigung konnten wir leider bei dieser Versuchsanordnung nicht verzichten, da wir bei Nichtbekräftigung des bedingten Reflexes infolge der häufigen Versuche innerhalb der 72stündigen Untersuchungszeit mit dem Erlöschungsphänomen rechnen mußten. Uns schien deshalb die perorale Zufuhr der geringen Menge Glukose der Faktor mit dem geringsten störenden Einfluß zu sein, da wir bei früheren Untersuchungen (HECHT et al. [13]) kontinuierlich in halbstündlichen Abständen 6 ml 20%ige Glukoselösung (= 1,2 g reine Glukose) s.c. verabreichen mußten, um in der Zeit von 6 Std. einen linearen Blutzuckeranstieg zu erzielen. Daraus wird ersichtlich, daß die in den vorliegenden Experimenten verwendete Glukosemenge kaum einen Einfluß haben kann.

Diskussion

Die Gegenüberstellung der Regressionsgeraden von den Verläufen der einzelnen bedingt-reflektorischen Größen unter der Nahrungs- und Abwehrsituation in Abbildung 7 soll übersichtlich die unterschiedlichen Tendenzen zum Ausdruck bringen.

Während unter den Nahrungsbedingungen von der 6. bis 36. Std. nach der Fütterung von einem über den Normalwerten liegenden Ausgangsniveau eine kontinuierliche Verbesserung der bedingten Nahrungsreaktion, eine Verschlechterung der Differenzierungsreaktionen sowie eine Zunahme der intersignalen Reaktionen zu verzeichnen sind und von der 36. bis 72. Std. eine Tendenz in umgekehrter Richtung vorliegt, treten unter Abwehrbedingungen bis zur 36. bzw. 48. Std. nach der Fütterung keine wesentlichen Störungen der bedingt-reflektorischen Tätigkeit auf. Danach (48.—72. Std.) sind ein steiler Anstieg der Versager- und Differenzierungsquote und eine Verlängerung der Reaktionszeiten und motorischen Reaktionszeiten zu beobachten. Lediglich die intersignalen Reaktionen nehmen mit zunehmender Nahrungskarenz ab.

Eine Parallele zwischen dem Blutzuckerverlauf und dem Verlauf der bedingt-reflektorischen Größen ist weder unter der Abwehrsituation noch unter der Nahrungssituation zu verifizieren. Mit elektrischer Reizung des lateralen Hypothalamus konnten DELGADO und ANAND [5] an Katzen die Fleisch- und Milchaufnahme der Tiere signifikant erhöhen, also das „Hungergefühl" vergrößern; dagegen wurde das Blutzuckerniveau nicht beeinflußt. Während der steile Abfall des Blutzuckerspiegels bei unseren Untersuchungen in allen Situationen zwischen 24. und 30. Std. erfolgte, beginnen die Störungen der bedingten Abwehrreflexe frühestens in der 36. Std., größtenteils aber in der 48. und 60. Std. nach der Nahrungsaufnahme. Beim Nahrungsreflex ist gewöhnlich zur 36. Std. die ausgeprägteste Nahrungserregbarkeit vorhanden, während die bedingt-reflektorische Tätigkeit ebenfalls erst später gestört wird.

Es muß noch vermerkt werden, daß auch 6 und 12 Std. nach der Nahrungsaufnahme die bedingten Nahrungsreflexe im Sinne einer Hemmung verändert sind.

Wir können aber feststellen, daß während einer 72stündigen Nahrungskarenz unter Nahrungs- und Abwehrbedingungen unterschiedliche Verläufe der bedingt-reflektorischen Tätigkeit zu verzeichnen sind.

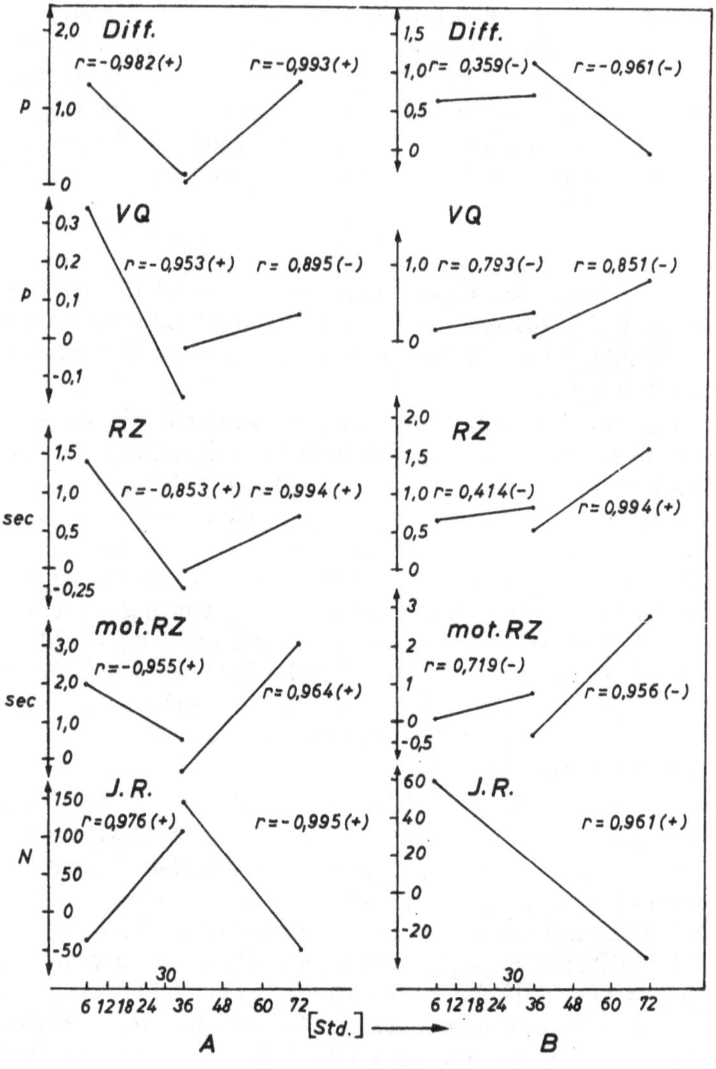

Abb. 7. Regressionsgeraden mit Korrelationsfaktoren der Verläufe von den einzelnen bedingt-reflektorischen Größen unter Nahrungs- und Abwehrbedingungen.
A = bedingte Nahrungssituation; B = bedingte Abwehrsituation.
Diff. = Differenzierungsquote; VQ = Versagerquote; RZ = Reaktionszeit; mot. RZ = motorische Reaktionszeit; I.R. = Intersignale Reaktionen; (+) hinter dem Korrelationsfaktor statistisch signifikant; (−) statistisch nicht signifikant

In der Nahrungssituation können wir drei Reaktionsphasen unterscheiden: Die erste Phase umfaßt die Zeit bis zur 12. Std. und ist durch ein Zunehmen der bedingt-reflektorischen Hemmungsprozesse, offensichtlich als ein Ausdruck der herabgesetzten Nahrungserregbarkeit, charakterisiert. In der zweiten Phase, von der 24. bis 48. Std. nach der Fütterung, ist ein Zunehmen der bedingt-reflektorischen Erregungsprozesse, wahrscheinlich als Ausdruck einer gesteigerten Nahrungserregbarkeit, zu beobachten. In der dritten Phase, von der 48. bis 72. Std. nach Fütterung, überwiegt wieder die Tendenz zur bedingt-reflektorischen Hemmung.

Man könnte annehmen, daß in dieser Phase infolge ökonomischer Arbeitsweise des Organismus die Nahrungserregbarkeit herabgesetzt worden ist (adaptiv-kompensatorisch herabgesetzte Nahrungserregbarkeit). Die verhinderte motorische Reaktion, das Abnehmen der intersignalen Reaktionen und die Zunahme der Differenzierungsquote, die in diesem Fall nicht eine bessere Differenzierungsfähigkeit, sondern eine verminderte motorische Tätigkeit ausdrückt, sprechen für eine solche Annahme.

Von PAWLOW [17] werden die bedingt-reflektorischen Hemmungserscheinungen nach längerem „Hungerzustand" als ein Ausdruck einer Überlastungshemmung angesehen. Die Hemmung der bedingten Nahrungsreflexe bei herabgesetzter Nahrungserregbarkeit wird von PAWLOW [17] „auf einen gewöhnlichen hypnotischen Zustand" zurückgeführt, der infolge eines herabgesetzten „tonisierenden Einflusses des Subkortex auf den Kortex" entsteht. Einen ähnlichen Standpunkt vertritt auch MARITZ [16] auf der Grundlage von elektrophysiologischen Ergebnissen. Er fand, daß der tonisierende Einfluß der Formatio reticularis auf die Hirnrinde im Sättigkeitszustand herabgesetzt ist. FLORU und STERESCU [7] führen die Hemmung im „Sättigungszustand" auf eine „Überbeanspruchung der Mechanismen, die den Grad der bedingten und unbedingten Erregung regulieren", zurück.

Unter den Abwehrbedingungen können wir zwei Reaktionsphasen während der 72stündigen Nahrungskarenz unterscheiden. Die erste Phase, bis etwa zur 48. Std. nach der Fütterung, ist durch einen normalen Verlauf der bedingten Reflexe gekennzeichnet. Die biologisch negativen Umweltsignale der Abwehr-(Gefahren)-Situation scheinen in diesem Zeitabschnitt über die biologisch positiven Reaktionen der Nahrungsaufnahme und des normalen Stoffwechsels zu dominieren, weil sie für die Erhaltung des Individuums in diesem Falle wichtiger sind. Es ist denkbar, daß durch die Mobilisierung von Reserven ein erhöhter Stoffwechselumsatz die zentralnervöse Reaktionsfähigkeit aufrecht erhält. Die von ANOCHIN [1] postulierten Grundsätze, daß die Nahrungsreaktion stets einen biologisch positiven Sinn und die Abwehrsituation stets eine biologisch negative Bedeutung für das Tier haben sollen, wären in diesem Zusammenhang nicht mehr absolut aufrecht zu erhalten. Wenn die Reaktionsweise des Tieres in einer Abwehrsituation trotz des „Hungerzustandes" normal ist, so kann das Verhalten des Tieres, indem es der Gefahr sinnvoll begegnet, nur eine positive Bedeutung in biologischer Hinsicht haben.

Von der 48. bis 72. Std. nach der Fütterung finden sich erhebliche Störungen der bedingt-reflektorischen Vorgänge, die aber nicht völlig mit denen der zum gleichen Zeitabschnitt vorhandenen Reaktionen der dritten Phase der Nahrungssituation übereinstimmen. In dieser zweiten Phase der Abwehrsituation ist der bedingte Reflex gehemmt, die Motorik beeinträchtigt, die intersignalen Reaktionen vermindert. Die Differenzierung ist also gestört. D. h., auf den bedingten Abwehrreiz als Gefahrensignal bleiben die Tiere sitzen, auf den Differenzierungsreiz, der keine Gefahr signalisiert, führen sie die Abwehrreaktion aus. Diese paradoxe Reaktionsweise scheint auf Phasenzustände im ZNS zurückzuführen zu sein. Bemerkenswert ist, daß wir in einer früheren Arbeit (Hecht et al. [11]) diese gleichen paradoxen Reaktionsweisen bei bedingt-reflektorischen Untersuchungen im Entwicklungsstadium der Insulinwirkung beobachtet haben. Diese Erscheinungen konnten auf Grund biochemischer Untersuchungen in unserem Institut (Konitzer et al. [14]) auf ein unzureichendes Substratangebot an das Gehirn während des einsetzenden hypoglykämischen Effektes zurückgeführt werden. Wir können demnach annehmen, daß auch in der zweiten Phase (48.—72. Std. nach der Fütterung) der Abwehrsituation eine Verarmung an energieliefernden Substrat im Gehirn auftritt, die durch die doppelte Stressbelastung (Hunger und Abwehrsituation) und des damit verbundenen höheren Energieverbrauches des ZNS und des Gesamtorganismus zustande kommt. Die fehlende zusätzliche Stressbelastung während der bedingt-reflektorischen Nahrungssituation und evtl. auch die notwendigerweise durchzuführende Verabreichung sehr geringer Glukosemengen zur Bekräftigung des bedingten Reflexes haben unter diesen Bedingungen zu diesem Zeitpunkt die Substratverarmung im Gehirn noch verringern oder sogar verhindern können. Eine ökonomische Einstellung des Organismus führt dann in der dritten Phase (48.—72. Std. nach der Fütterung) zu der von Pawlow [17] als Überlastungshemmung interpretierten Hemmung der bedingten Nahrungsreflexe.

Eine unterschiedliche Reaktionsweise auf den optischen und akustischen bedingten Reiz konnte, abgesehen von vereinzelten Ausnahmen, nicht festgestellt werden.

Nachdem Butter und Campbell [2], Feher [6], Hall [8], Hall und Hanford [9], Teghtsoonian und Campbell [21] u. a. auf die Bedeutung der Umweltreize und Umweltsituation für die Ausgangslage der motorischen Spontanaktivität bzw. für das Verhalten „hungernder" Tiere hingewiesen haben, konnten wir unsererseits den Beweis erbringen, daß auch die bedingt-reflektorischen Prozesse unter verschiedenen Bedingungen im „Hungerzustand" unterschiedliche Verläufe zeigen. Die Ergebnisse lassen die Schlußfolgerung zu, daß bei den bedingt-reflektorischen Prozessen, je nach der biologischen Bedeutung der Umweltsituation, spezifische Mechanismen der Hirnfunktion in Tätigkeit gesetzt werden.

Auffälligerweise trat bei unseren Versuchstieren die sogenannte „Hungerhypoglykämie“, d. h. ein abrupter steiler Abfall des Blutzuckerniveaus, zu einem viel späteren Zeitpunkt (24.—30. Std. nach Nahrungsaufnahme) auf. Damit bestätigen sich unsere Ergebnisse früherer Untersuchungen [11] bis [13], die stets nach 18stündiger Nahrungskarenz normale Ausgangsblutzuckerwerte bei den Tieren auswiesen. Die Ursache für die Diskrepanz zwischen Versuchstier und Mensch könnte in der Anzahl und Häufigkeit der aufgenommenen Mahlzeiten innerhalb eines Tages zu suchen sein. Der Mensch nimmt gewöhnlich 3—5 Mahlzeiten pro Tag ein. Auf diese Weise stellt sich im Organismus ein anderer Rhythmus der Ökonomie und Balance der Stoffwechselprozesse ein, der beim Ausbleiben einer oder mehrerer Mahlzeiten schnell zu einer Reduzierung der Reserven führt, wodurch die Hungerhypoglykämie auftritt. Unsere Versuchstiere erhalten innerhalb von 24 Stunden immer nur einmal Futter. Um die Körperfunktionen zu gewährleisten, müssen die Energievorräte im Versuchstierorganismus entsprechend kontinuierlich verbraucht werden. Erst wenn diese aufgebraucht sind, tritt die bekannte „Hungerhypoglykämie“ in Erscheinung.
Die dargelegten Ergebnisse haben ferner gezeigt, daß die Begriffe „Überfütterung“, „Sättigung“, „relative Sättigkeit“ und „Hunger“ unkorrekt sind und besser nicht gebraucht werden sollten. Sinnvoller und exakter ist es, die Nahrungskarenz in der Zeiteinheit unter Berücksichtigung der gegebenen Situation anzugeben.

Frau Heidemarie Gensicke, Frau Christel Hoffmann und Herrn Wilhelm Dräger möchten wir für die vorzügliche technische Mitarbeit recht herzlich danken.

Literatur

[1] Anochin, P. K.: Pawlow-J. höhere Nerventätigkeit **9**, 489 (1959).
[2] Butter, C. M. u. B. A. Campbell: J. comparat. physiol. Psych. **53**, 52 (1960).
[3] Campbell, B. A. u. F. D. Sheffield: J. comparat. physiol. Psych. **47**, 320 (1954).
[4] Cytawa, J. u. J. Jabukowicz: Acta physiol. pol. **11**, 680 (1960).
[5] Delgado, J. M. R. u. B. K. Anand: Amer. J. Physiol. **172**, 162 (1953).
[6] Feher, E.: J. comparat. physiol. Psych. **49**, 548 (1956).
[7] Floru, R. u. M. Sterescu: Pawlow-J. höhere Nerventätigkeit **8**, 381 (1958).
[8] Hall, J. F.: J. comparat. physiol. Psych. **49**, 339 (1956).
[9] Hall, J. F. u. P. V. Hanford: J. comparat. physiol. Psych. **47**, 362 (1959).
[10] Hecht, K. u. F. Bielecke: Acta biol. med. german. **4**, 71 (1960).
[11] Hecht, K., T. Hecht u. R. Baumann: Acta biol. med. german. **15**, 254 (1965).
[12] Hecht, K., T. Hecht u. R. Baumann: Acta biol. med. german. **15**, 435 (1965).
[13] Hecht, K., R. Baumann, T. Hecht u. H. Mitschke: Acta biol. med. german. **15**, 444 (1965).
[14] Konitzer, K., M. Solle u. S. Voigt: Acta biol. med. german. **15**, 461 (1965).
[15] Krasnow, S. K.: Pawlow-J. höhere Nerventätigkeit **7**, 906 (1957).
[16] Maritz, A. N.: Ssetschenow-J. Physiol. UdSSR **48**, II 889 (1962).
[17] Pawlow, W. W.: Pawlow'sche Mittwochskolloquien Bd. 1 Akademie-Verlag Berlin 1956.
[18] Richards, W. J. u. G. B. Leslie: J. comparat. physiol. Psych. **55**, 834 (1962).

[19] REYNOLDS, W. F.: J. comparat. physiol. Psych. **53**, 615 (1960).
[20] SIEGEL, P. S. u. M. STEINBERG: J. comparat. physiol. Psych. **42**, 413 (1949).
[21] TEGHTSOONIAN, R. J. u. B. A. CAMPBELL: J. comparat. physiol. Psych. **53**, 242 (1960).
[22] ZUKERMAN, A., E. STOIKA u. G. STUNGARU: Pawlow-J. höhere Nerventätigkeit **8**, 220 (1958).

Anschrift der Verfasser: Prof. Dr. R. BAUMANN, Dr. K. HECHT und CH. KREHER, 1115 Berlin-Buch, Wiltbergstraße 50.

Summary

K. HECHT, CH. KREHER and R. BAUMANN: Central-nervous activity as a function of food deprivation under varying environmental conditions

The effect of food deficiency on the central-nervous function was studied under various environmental conditions.
47 albino rats given a standard diet of 50 g/kg body weight a day were taught a conditioned motoric feeding reflex and a conditioned defensive reflex. They were tested at 6, 12, 18, 24, 30, 36, 60, and 72 hours after feeding. The investigation was paralleled by blood sugar tests at equal time intervals.
The difference between the conditioned feeding responses and the conditioned responses of defence was registered.
In the feeding situation conditioned responses were inhibited up to the 12th hour after feeding. Increased hunger drive was seen from 24 to 48 hours after feeding. Conditioned reflexes were inhibited again from 48 up to 72 hours.
Under conditions of defence, conditioned responses remained normal up to the 48th hour of feeding.
Then a paradoxical type of respon se occurred that was characterized by an inhibition of conditioned reflexes of defence and a disinhibition of differentation.
This was found to be the type of response seen in an earlier work [11] during the development of the insulin effect at the beginning lack of glucose in the brain.
No parallel could be verified between the level of blood sugar and changes in conditioned responses.
Possible mechanisms of central nervous processes during a 72 hours' period of food deprivation under varying environmental conditions are discussed.

Резюме

К. Хехт, Х. Крехер и Р. Бауманн: Центральнонервные функции на разных этапах режима голодания в течение 72 часов в зависимости от условий окружающей среды

Авторы изучали влияние режима голодания на центральнонервные функции при разных условиях окружающей среды.
Опыты проводились на 47 белых крысах, получивших ежедневно стандартное питание в количестве 50 г/кг веса тела, через 6, 12, 18, 24, 30, 36, 60 и 72 часов после кормления по условно-рефлекторной пищедобывательной и оборонительной методикам. Одновременно с этим контролировался уровень сахара в крови в тех же интервалах. Во время 72-часового режима голодания в различные сроки эксперимента наблюдались изменения условно-рефлекторной деятельности.

По первому методу обнаруживалось торможение условно-рефлекторных процессов в течение 12 часов после кормления. С 24 по 48 час после приема пищи наблюдалось повышение условно-рефлекторных реакций, а с 48 по 72 час — опять торможение условных рефлексов.

При применении оборонительной методики условные рефлексы проходили нормально в течение 48 часов после приема пищи. После этого, поступили парадоксальные реакции, с характерным торможением условных оборонительных рефлексов и расторможением дифференциации. Наблюдаемый вид реакции животных соответствовал ранее установленному [11].

Связь между уровнем сахара в крови и условно-рефлекторной деятельностью достоверно не обнаруживалась. Обсуждаются возможные механизмы центральнонервных процессов во время 72-часового голодания животных в зависимости от условий окружающей среды.

Acta biol. med. german., Band 16, Seite 540—545 (1966)

Aus der Abteilung für klinische Neurophysiologie an der Medizinischen Fakultät der Karl-Marx-Universität Leipzig (Leiter: Dr. med. habil. L. PICKENHAIN)

Untersuchungen über die pharmakologische Beeinflussung des Startle-Reflexes

L. PICKENHAIN, F. KLINGBERG und H. JANNECK

(Eingegangen am 25. 11. 1965)

Zusammenfassung

Nach i.p. Gabe von 1 mg/kg γ-Hexachlorzyklohexan bzw. 2,5 mg/kg α-Hexachlorzyklohexan (Isomere des Hexachlorzyklohexan in öliger Lösung) wurde bei Ratten eine signifikante Zunahme der Startle-Amplituden von der 10. bzw. 16. min p.i. an beobachtet. Geringere Dosen verursachten keine signifikante Veränderung. Die β- und δ-Isomere zeigten auch bei 2,5 mg/kg keinen signifikanten Effekt.
Methamphetamin in einer Dosis von 0,5 mg/kg führte zu einem signifikanten Anwachsen der Startle-Amplitude auf 180%, wobei das Maximum nach 15 min erreicht wurde. Nach 1 mg/kg Chlorpromazin kam es zu einer signifikanten Abnahme der Startle-Amplitude mit einem Minimum (50%) nach 20 min. Bei 2,5 mg/kg Chlorpromazin lag das Minimum zur gleichen Zeit, aber tiefer (41%), und das Wiederansteigen verlief langsamer.
Bei Methamphetamin und Chlorpromazin gingen die Veränderungen der Startle-Reflexe mit einer Zunahme bzw. Abnahme der allgemeinen motorischen Aktivität parallel. Nach der Gabe von γ-Hexachlorzyklohexan bzw. α-Hexachlorzyklohexan zeigten die Tiere ein ruhigeres Verhalten.

Als Startle-Reflex (SR) wird die explosionsartige Innervation der Körpermuskulatur nach der Einwirkung eines plötzlich auftretenden lauten akustischen Reizes bezeichnet (STRAUSS [10], LANDIS und HUNT [6]). Sein Mechanismus ist bisher wenig untersucht worden. Publikationen über seine pharmakologische Beeinflussung im Tierexperiment sind uns nicht bekannt.

In den vergangenen drei Jahren haben wir systematische Untersuchungen über das Auftreten des SR in verschiedenen Verhaltenssituationen der wachen, frei beweglichen Ratte angestellt. Es ergab sich, daß das Auftreten und die Amplitude des SR in Abhängigkeit vom Verhaltenszustand des Tieres sehr starken Schwankungen unterliegen (KLINGBERG und GRASTYÁN [3], KLINGBERG und PICKENHAIN [4]). Durch eine kurzdauernde Habituation des Tieres an die akustischen Reize (SORGER und Mitarbeiter [9]) kann jedoch unter Ausschluß sonstiger Zusatzreize in einer gewohnten Umgebung ein Verhaltenszustand der Ratte (relaxiertes Verhalten) herbeigeführt werden, in dem die SR mit relativ konstanter Größe auftreten. Dieser relaxierte Verhaltenszustand der Ratte kann dazu benutzt werden, die Einwirkung von Pharmaka auf die Auslösung des SR quantitativ zu untersuchen.

Methodik

Die Versuche wurden an Gruppen von je sechs Albinoratten eines eigenen Inzuchtstammes durchgeführt. Die Tiere wurden in einen 15 · 15 · 15 cm großen Plexiglaskäfig gesetzt, der an einer Spiralfeder freischwingend aufgehängt war. Die Bewegungen dieses Käfigs wurden auf induktivem Wege mittels eines Direktschreibers registriert (Szabó und Mitarbeiter [11]). Die Stärke des Ausschlages des Registrierhebels wurde in Millivolt gemessen. Als akustische Reize dienten Klicks, die durch die Entladung eines Kondensators (300 V, 25 μF) über einen Lautsprecher erzeugt wurden. Die Klicks waren für das habituierte Tier in bezug auf die Auslösung des Startle-Reflexes stark überschwellig.

Zu Beginn wurden die Tiere durch die aufeinanderfolgende Anwendung von 50 Klicks mit Intervallen von 20 sec kurzdauernd an die Klicks habituiert.

Nach erfolgter Habituation wurden 11 Klicks in Abständen von 20 sec gegeben, um das Ausgangsniveau der SR festzustellen. Anschließend erfolgte die i.p. Injektion der zu prüfenden Substanz. Danach wurden in Abständen von je 5 min erneut Serien von 11 Klicks gegeben. Die Werte des ersten SR jeder Klickserie wurden bei der Auswertung weggelassen. Die Größe der übrigen SR wurde ausgemessen, und für die betreffende Klickserie und die sechs Versuchstiere wurden die Mittelwerte und die Abweichung vom Mittelwert berechnet.

Die vier Hexachlorzyklohexan-Isomere (HCC) wurden in öliger Lösung (Oleum pedum tauri) injiziert. Versuche mit der Injektion von reinem Öl dienten als Kontrollen. Chlorpromazin und Methamphetamin wurden in wäßriger Lösung gegeben. In diesem Falle wurden Kontrollen mit der gleichen Menge physiologischer Kochsalzlösung durchgeführt.

Die Berechnung der statistischen Sicherung erfolgte nach dem t-Test.

Ergebnisse und Diskussion

Bei einem Teil der Versuche stellte sich heraus, daß die Dauer der Habituation nicht ausreichte. Die Amplitude der Startle-Reflexe zeigte bei der zweiten Klickserie eine Abnahme gegenüber der ersten (Abb. 1). Dieser zusätzliche Habituationseffekt beeinträchtigte jedoch die Auswertung der Ergebnisse nicht, da er sowohl bei den Kontrollen als auch bei den Versuchen mit der Injektion von Pharmaka auftrat.

Um zu überprüfen, inwieweit der Test zur feineren Differenzierung pharmakologischer Wirkungen geeignet ist, untersuchten wir die Wirkung der vier Isomere des HCC. Vom γHCC ist bekannt, daß es bei Fröschen die Bereitschaft erzeugt, auf Lichtblitze mit motorischen Zuckungen zu reagieren (Schwarz [8]). In Abbildung 2 ist die Wirkung verschiedener Dosen der vier Isomere des HCC auf den Startle-Reflex summarisch dargestellt. Die zweite Säule gibt jeweils den Mittelwert der Größe des Startle-Reflexes für alle sechs Tiere im Vergleich zum entsprechenden Kontrollversuch mit der Injektion von reinem Öl (jeweils erste Säule) wieder. Wir sehen, daß γHCC bereits in einer Dosis von 1,0 mg/kg eine statistisch signifikante

Zunahme der Startle-Größe ergibt, während das αHCC diesen Effekt erst bei einer Dosis von 2,5 mg/kg erzeugt. Die β- und δ-Isomere ergeben bis zu einer Dosis von 2,5 mg/kg keine signifikante Veränderung.
Die Dynamik der Wirkung sei am Beispiel des αHCC gezeigt (Abb. 1). Unter der Gabe von 1,0 bzw. 1,5 mg/kg αHCC bleibt die Startle-Amplitude gegenüber den Kontrollversuchen unverändert. 2,5 mg/kg αHCC zeigen von der 16. min an einen statistisch signifikanten Effekt, der bis zur 40. min zunimmt.

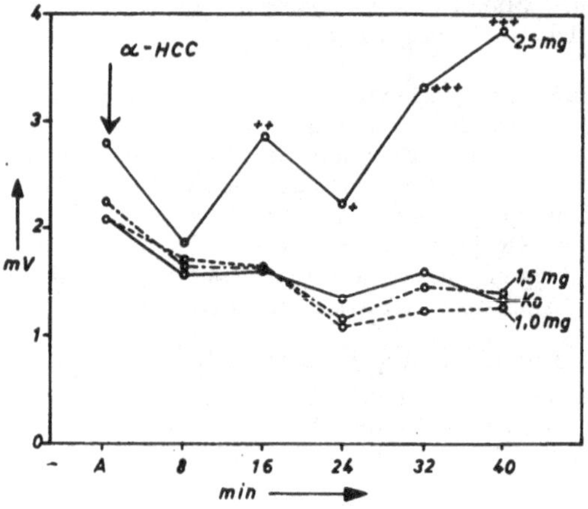

Abb. 1. Zeitlicher Verlauf der Beeinflussung der Amplitude der Startle-Reflexe (SR) bei der Ratte durch eine i.p. Gabe von 1,0, 1,5 bzw. 2,5 mg/kg αHCC.
Jeder Punkt stellt den Mittelwert von 10 SR bei sechs Versuchstieren dar. Die Stärke der SR wird in mV gemessen. Ko = Kontrolltiere, die i.p. 0,5 ml Lösungsmittel (Oleum pedum tauri) erhielten; A = Ausgangswert vor der Injektion. Statistische Signifikanz: + = $p < 0{,}05$; ++ = $p < 0{,}01$; +++ = $p < 0{,}0001$

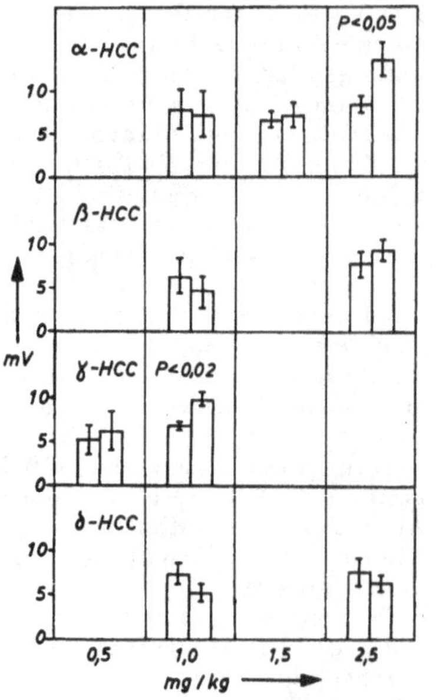

Abb. 2. Zusammenfassende Darstellung der summarischen Wirkung der vier Isomere des Hexachlorzyklohexan (HCC) auf die Stärke der Startle-Reflexe (gemessen in mV) bei der Ratte. Die erste Säule gibt jeweils die Kontrollwerte bei der Injektion von 0,5 ml Oleum pedum tauri, die zweite Säule die Werte bei der Injektion des HCC-Isomeren wieder. Jede Säule entspricht dem Mittelwert von sechs Tieren

In der umfangreichen Literatur über pharmakologische und toxikologische Wirkungen der Hexachlorzyklohexane auf zentralnervöse Funktionen fanden wir keine wirksamen Dosen unter 20 mg/kg angegeben. In einer neueren Untersuchung konnte lediglich eine signifikante Wirkung von 10 mg/kg γHCC auf das Kaninchen-ECG nachgewiesen werden (WOLBURG, persönliche Mitteilung). Die Startle-Methode ist im Vergleich dazu äußerst empfindlich.

Die Auslösung von Startle-Reflexen durch Lichtblitze ist bei Säugetieren (KLINGBERG und GRASTYÁN [3]) und beim Menschen (LANDIS und HUNT [6]) zwar möglich, sie ist aber bei Ratten nur selten zu beobachten (PICKENHAIN und KLINGBERG [7]). Eine i.p. Gabe von 1 mg/kg γHCC erleichterte das Auftreten von Startle-Reflexen auf Lichtreize bei Ratten nicht. Es ist trotzdem anzunehmen, daß die bei Fröschen unter der Wirkung von γHCC beobachteten optisch-motorischen Reflexe (SCHWARZ [8], KLINGBERG [1], [2]) ebenfalls Startle-Reflexe sind. Die geringere Wirkung von Lichtreizen bei Ratten möchten wir, entsprechend ihren ökologischen Lebensbedingungen, als artspezifisch bedingt auffassen.

Die i.p. Applikation von 0,5 mg/kg Methamphetamin führte zu einem signifikanten Anwachsen der Startle-Amplitude auf 180% (Abb. 3). Das Maximum wurde nach 10 min erreicht. Demgegenüber kam es nach 1 mg/kg

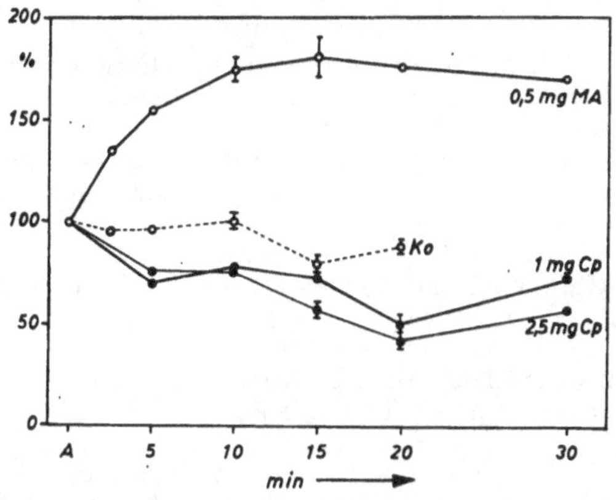

Abb. 3. Zeitlicher Verlauf der Beeinflussung der Amplitude der Startle-Reflexe bei der Ratte durch 0,5 mg/kg Methamphetamin (MA) und 1,0 bzw. 2,5 mg/kg Chlorpromazin (Cp). Die Werte sind in Prozent des Ausgangswertes angegeben. Ko = Kontrollgruppe, die i.p. 0,5 ml physiologische Kochsalzlösung erhalten hat. Jeder Punkt gibt den Mittelwert von sechs Versuchstieren wieder

Chlorpromazin i.p. zu einer signifikanten Abnahme der Startle-Amplitude mit einem Minimum (50%) nach 20 min. Bei einer Chlorpromazindosis von 2,5 mg/kg lag das Minimum noch tiefer (41%) und der Wiederanstieg verlief langsamer.

Die Wirkungen des Methamphetamin und Chlorpromazin waren zu erwarten, da die beiden Pharmaka die Bereitschaft zu motorischen Reaktionen erhöhen (Methamphetamin) bzw. senken (Chlorpromazin). Die Zunahme der Startle-Amplitude geht in der Regel parallel mit der Bereitschaft, motorisch zu reagieren (KLINGBERG und Mitarbeiter [5]). Nach der Applikation von 1,0 mg/kg γHCC und 2,5 mg/kg αHCC konnte dagegen keine Zunahme der motorischen Aktivität beobachtet werden. Eine Erklärung für diese Divergenz können wir zur Zeit noch nicht geben.

Da der Startle-Reflex am wachen Tier durch zahlreiche zentrale Mechanismen beeinflußt wird, können aus diesen Experimenten keine Schlüsse über den Angriffspunkt der angewandten Substanzen gezogen werden. Weitere systematische Untersuchungen sind zur Beantwortung dieser Frage notwendig. Doch kann die Methode des SR, wie unsere Untersuchungen zeigen, als zusätzlicher Indikator für die Differenzierung zentral wirksamer Pharmaka verwendet werden.

Wir möchten auch an dieser Stelle unseren Mitarbeitern Herrn Dipl.-Ing. D. GELBRICH und Herrn E. PETRI für ihre Hilfe bei der Konstruktion und dem Bau der Apparatur danken.

Anschrift der Verfasser: Dr. L. PICKENHAIN, Dr. F. KLINGBERG und H. JANNECK, Abteilung für klinische Neurophysiologie an der Medizinischen Fakultät der Karl-Marx-Universität Leipzig, 701 Leipzig, Härtelstr. 16/18.

Literatur

[1] KLINGBERG, F.: Untersuchungen über die optisch-motorische Reflexerregbarkeit und über das Elektroretinogramm von Fröschen bei Vergiftung mit kontaktinsektiziden Stoffen. Acta biol. med. german. **3**, 311 (1959).

[2] KLINGBERG, F.: Über das Elektroretinogramm von Fröschen bei Vergiftung mit verschiedenen Isomeren des Hexachlorcyclohexan. Acta biol. med. german. **5**, 467 (1960).

[3] KLINGBERG, F. u. E. GRASTYÁN: Changes of optic evoked potentials during conditioning and their relation to the conditional startle reaction. Acta physiol. Acad. Sci. hung. **23**, 115 (1963).

[4] KLINGBERG, F. u. L. PICKENHAIN: Veränderungen des ECG, der kortikalen hervorgerufenen Potentiale und der Startle-Reaktionen bei Ratten während der Ausarbeitung eines bedingten Fluchtreflexes. Acta biol. med. german. **12**, 552 (1964).

[5] KLINGBERG, F., L. PICKENHAIN u. N. SAKANO: Relations between motor reactivity and startle reflexes in rats. Acta physiol. Acad. Sci. hung. (im Druck).

[6] LANDIS, C. u. W. A. HUNT: The startle pattern, New York: Farrar 1939.

[7] PICKENHAIN, L. u. F. KLINGBERG: Behavioral and electrophysiological changes during avoidance conditioning to light flashes in rat. Electroenceph. clin. Neurophysiol. **18**, 464 (1965).

[8] SCHWARZ, F.: Sinnesphysiologische Untersuchungen an Fröschen über die Wirkung des γ-Hexachlorcyclohexan. Naunyn-Schmiedebergs Arch. exp. Pathol. Pharmakol. **216**, 358 (1952).

[9] SORGER, R., F. KLINGBERG u. L. PICKENHAIN: Über die Dynamik photisch ausgelöster Nachentladungen bei kurzdauernder Habituation. Acta biol. med. german. **15**, 659 (1965).

[10] STRAUSS, H.: Das Zusammenschrecken, experimentell-kinematographische Studie zur Physiologie und Pathophysiologie der Reaktionsbewegungen. J. Psychol. Neurol. **39**, 111 (1929).

[11] SZABÓ, I., L. KELLÉNY u. G. KARMOS: A simple device for recording the movements of unrestrained animals. Acta physiol. Acad. Sci. hung. **26**, 343 (1965).

Summary

L. PICKENHAIN, F. KLINGBERG and H. JANNECK: Studies on the pharmacological influence on startle reflexes

After intraperitoneal administration of 1 mg./kg. of γHCC or 2,5 mg./kg. of αHCC (isomers of the benzene hexachloride in oily solution) in rats there was observed a significant increase of startle amplitude from the 10th or 16th minute after injection. Low doses did not produce any significant change. No significant effect was seen with either β- or δ-isomers, even not when giving 2,5 mg./kg.

Methamphetamine dosed 0,5 mg./kg. caused a significant increase of the startle amplitude up to 180 per cent, the maximum being reached after 15 minutes. 1 mg./kg. of chloropromazine significantly decreased the startle amplitude with the minimum (50 percent) occuring after 20 minutes. With 2,5 mg./kg. of chloropromazine the minimum occurred at the same moment, but it was lower (41 per cent) and the return went more slowly. With methamphetamine and chloropromazine the changes of the startle reflexes were paralleled by an increase or a decrease of the general motoric activity. In contrast, the animals showed a more quiet behavior after administration of γHCC or αHCC.

Резюме

Л. Пикенхайн, Ф. Клингберг и Г. Яннек: Исследования о фармакологическом воздействии на рефлекс испуга

После внутрибрюшинного введения 1 мг/кг γHCC или 2,5 мг/кг αHCC (изомеры гексахлорциклогексана в масляном растворе) крысам наблюдалось статистически достоверное повышение амплитуды рефлексов испуга через 10 или 16 минут после инъекции соответственно. Небольшие дозы не вызывают достоверного изменения. β- и δ-изомеры не оказывают достоверного эффекта, даже не при введении 2,5 мг/кг.

Метамфетамин в дозе 0,5 мг/кг приводит к достоверному повышению амплитуды рефлексов испуга до 180 процентов, причем максимум достигается после 15 минут. Введение 1 мг/кг хлорпромазина вызвало достоверное уменьшение амплитуды рефлексов испуга с минимумом (50 процентов) после 20 минут. При дозе 2,5 мг/кг хлорпромазина минимум появился в то же время, однако на более низком уровне (41 процент), и подъем проходил медленее.

При введении метамфетамина и хлорпромазина изменения рефлексов испуга сопровождались повышением или уменьшением общей моторной активности. После применения γHCC или αHCC животные вели себя спокойно.

Acta biol. med. german., Band 16, Seite 546—557 (1966)

Aus dem Institut für Pharmakologie und Toxikologie der Humboldt-Universität zu Berlin (Direktor: Prof. Dr. F. JUNG)

Zur Beteiligung der Hydrazonbildung am blutdrucksenkenden Effekt von Dihydralazin (Depressan)[1]

P. OEHME, E. GÖRES, C. SCHWARZ und G. PETSCH

(Eingegangen am 15. 12. 1965)

Zusammenfassung

In der Arbeit wird spektrophotometrisch die Reaktion PLP-Dihydralazin nachgewiesen und das entsprechende Hydrazon dargestellt. Die gefundene Hemmung PLP-abhängiger Fermente (Dopa- und Glutaminsäuredekarboxylase) ließ sich durch nachträgliche Koenzymgabe wieder aufheben. Analog dazu konnte am Tiermodell der hypotensive Effekt des Dihydralazin durch PLP-Vorbehandlung sowohl im akuten als auch im chronischen Versuch abgeschwächt werden. Beziehung zwischen antihypertensivem Effekt und Interferenz mit Pyridoxal-5-phosphat wird diskutiert.

Der blutdrucksenkende Effekt von 1-Hydrazinophthalazin wurde bei der Testung einer Substanzgruppe mit Hydrazinstruktur auf antihistaminische Wirkung festgestellt [1] (s. a. [8—10]). Diese Verbindung und auch 1,4-Dihydrazinophthalazin (Dihydralazin) zeichnen sich durch eine Reihe chemischer und biochemischer Reaktionen aus, die von großem Interesse für ihre Wirkungsweise sind. Bemerkenswert ist die Fähigkeit von Hydralazin und seinen Derivaten, als Chelatbildner Kupferkomplexe zu bilden und damit die vasokonstriktive Wirkung von Kupfersulfat zu antagonisieren [12]. Außerdem reagiert es mit Merkaptanen, Proteinen und primären Aminen, aber nicht mit Vasopressin (Übersicht bei [2]). Weiterhin wurde eine Umsetzung mit einigen Karbonylverbindungen wie Brenztraubensäure, Azetaldehyd und α-Ketoglutarsäure beschrieben [13]. Hydralazin hat auch einige interessante Effekte auf verschiedene Enzyme. So werden die Histaminase, Dihydroxyphenylalanin(Dopa)- und Histidin-dekarboxylase gehemmt [4]—[6], [14]. Die Beeinflussung der Monoaminooxydase wird in der Literatur uneinheitlich angegeben, teils als Aktivierung, teils als Hemmung (Übersicht bei [2], [11]).

[1] Ein Teil der hier publizierten Ergebnisse wurde bereits auf der Arbeitstagung der Industrie- und Hochschulpharmakologen der DDR vorgetragen [18].

Abkürzungen: PLP bzw. P-5-p = Pyridoxal-5-phosphat; PAM = Pyridoxamin; PAM-p = Pyridoxamin-5-phosphat; Pyr = Pyridoxin; PAL = Pyridoxal; UDMH = 1,1-Dimethylhydrazin

Als Ursache für die Inaktivierung der Dopa- und Histidindekarboxylase wird eine Reaktion mit dem Koenzym Pyridoxal-5-phosphat vermutet. In unseren Experimenten interessierten uns deshalb folgende Fragen:

1. Ist Dihydralazin in der Lage, mit dem Koferment Pyridoxal-5-phosphat ein definiertes Hydrazon zu bilden.
2. Ist die dadurch bedingte Fermenthemmung durch Koenzymgabe zu antagonisieren.
3. Läßt sich auch am Ganztier ein Antagonismus zwischen Dihydralazin und Pyridoxal-5-phosphat feststellen.

Methodik

1. Spektrophotometrische Untersuchungen und Präparation des Dihydralazin-Pyridoxal-Hydrazons

Die Aufzeichnung der Spektren erfolgte bei Raumtemperatur in 1/15 M Phosphatpuffer, *p*H 7,4. Die Endkonzentration betrug $1{,}6 \cdot 10^{-4}$ Mol/l. Es wurden Differenzspektren geschrieben, d. h. das Gemisch Dihydralazin und PLP gegen die äquivalente Konzentration Dihydralazin. Das ursprüngliche PLP-Spektrum lag als Vergleich vor (siehe auch [15]).
Die Präparation des Hydrazons erfolgte wie bereits früher von uns beschrieben in 50%igem Äthanol [15].

2. Glutaminsäuredekarboxylase

Die Bestimmung der Glutaminsäuredekarboxylaseaktivität führten wir manometrisch nach Roberts und Frankel [16] in zweiarmigen Warburg-Gefäßen durch.
Homogenatpräparation: Zu den Versuchen wurde Hirnhomogenat von ca. 200 g schweren Albinoratten verwendet. Das Gehirn wurde sofort nach der Dekapitation entnommen und mit eisgekühltem Phosphatpuffer (1/15 M, *p*H 6,6) im Glashomogenisator zerkleinert.
Im Hauptgefäß waren 2,0 ml Hirnhomogenat (500 mg Hirn-Feuchtgewicht), in einem Seitenarm 0,25 ml der Inhibitorlösung, bzw. 0,25 ml Glutaminsäurelösung oder bzw. und 0,25 ml der Koenzymlösung. Das Endvolumen betrug in jedem Fall 3,0 ml.

3. Dopadekarboxylase

Die Aktivitätsbestimmung erfolgte ebenfalls manometrisch nach Holtz und Westermann [17]. Als Substrat diente L-Dopa in einer Endkonzentration von $1 \cdot 10^{-3}$ M. Als Fermentquelle wurde Meerschweinchenniere verwandt (1 Teil Niere mit 3 Teilen Phosphatpuffer 1/15 M, *p*H 6,6, homogenisiert). Ansatz wie bei 2.

4. Blutdruckversuche an der Katze

Die Experimente wurden an Katzen beiderlei Geschlechtes in Chloralhydratnarkose (100 mg/kg) durchgeführt. Die Blutdruckmessung erfolgte mittels Quecksilbermanometer in der A. carotis. Sämtliche Injektionen wurden in die V. femoralis vorgenommen.

5. Blutdruckversuche an Ratten

Der experimentelle Hypertonus wurde bei Ratten durch tägliche Injektion von 25 mg/kg DOCA s.c. ausgelöst. Außerdem erhielten die Tiere 2%ige NaCl-Lösung zum Trinken. Die Blutdruckmessung erfolgte mittels Schwanzplethysmographen am nichtnarkotisierten Tier.

Ergebnisse

Von Hydrazinoverbindungen ist bekannt, daß sie in der Lage sind, Pyridoxal-5-phosphat-abhängige Fermente zu hemmen. Dabei wird als Ursache allgemein eine Hydrazonbildung mit dem Koferment PLP postuliert. In unseren Untersuchungen interessierte deshalb als erstes, ob sich spektrophotometrisch eine Reaktion zwischen Dihydralazin und PLP nachweisen läßt. Bei der Aufzeichnung des Differenzspektrums (Abb. 1) zeigte sich deutlich die Bildung eines Hauptmaximums bei 280 nm, das sich einwandfrei von dem ursprünglichen Pyridoxal-5-phosphat-Spektrum mit seinem Maximum bei 390 nm unterscheidet. Auch der zeitliche Verlauf der Reaktion läßt sich gut verfolgen. Dabei ergibt sich, wie bereits früher bei den Hydrazinokarbonsäuren festgestellt worden ist [15], eine nahezu vollständige Reaktion nach 60 min.

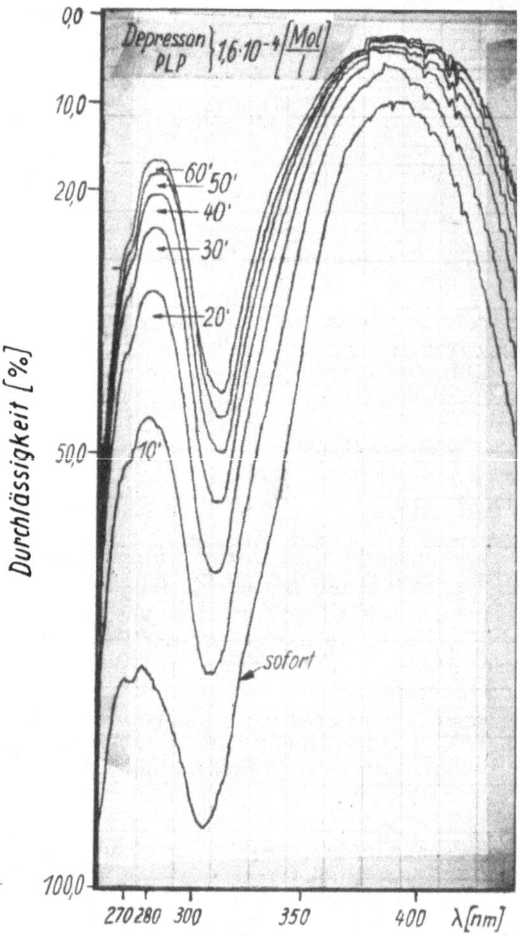

Abb. 1. Differenzspektrum gegen Dihydralazin (Depressan) bei Raumtemperatur

Die nach der Struktur und auf Grund unserer spektrophotometrischen Untersuchungen erwartete Hydrazonbildung veranlaßte uns, das Hydrazon darzustellen. Dabei kommt es unter unseren Arbeitsbedingungen sofort zum Ausfall einer rötlichen Verbindung. Mikroskopisch fanden sich aber noch gelbliche Kristalle, die nach Auskochen in Lösung gingen (wahrscheinlich mit einem 1 Mol Pyridoxal-5-phosphat substituiert). Eine elementaranalytische Bestimmung dieser Verbindung war aus technischen Gründen nicht möglich.

Die Mikroanalyse der praktisch kaum wasserlöslichen roten Verbindung ergab ein bissubstituiertes Hydrazon ohne Phosphatreste[1] (Tab. 1).

[1] Die Mikroanalyse wurde von Herrn Dr. KNOBLOCH im Pharmakologischen Institut der DAdW durchgeführt, dem wir auch für freundliche präparative Hinweise danken möchten.

Tabelle 1
Mikroanalyse des Hydrazons

		C		H	
		kalk.	gef.	kalk.	gef.
Pyridoxal-di-hydralazin-hydrazon $C_{24}H_{24}N_8O_4$ MG = 488,52	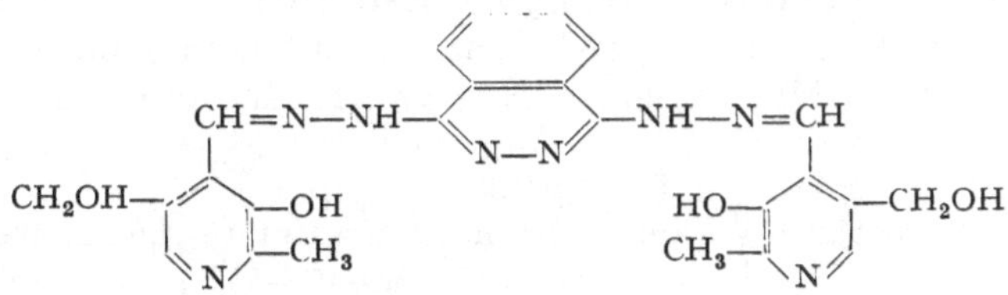	59,01	59,74	4,95	5,23

1. Hemmung PLP-abhängiger Fermente

Diese nachgewiesene Hydrazonbildung in vitro und die bereits von anderen Autoren gefundene Hemmung der Dopa-dekarboxylase [4], [14] durch Hydralazin und Dihydralazin, veranlaßte uns in dieser Richtung zu weiteren Versuchen. Dabei war für uns weniger die Fragestellung interessant, ob die gestörte Transmittersynthese als Folge der Dopa-dekarboxylase-Hemmung Ursache der Blutdrucksenkung ist, was auf Grund des unterschiedlichen zeitlichen Verlaufs auch wenig wahrscheinlich ist. Es interessierte vielmehr, ob man die Hemmung PLP-abhängiger Fermente durch Koenzymgabe aufheben kann und dazu am Tiermodell in vivo-Korrelate existieren [19]—[21].

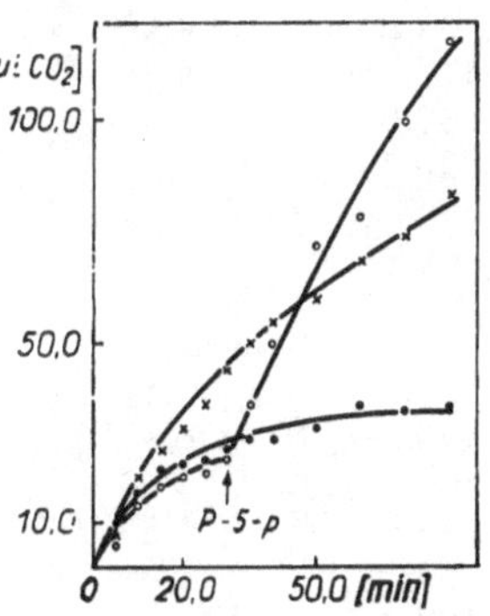

Abb. 2. Hemmung der Glutaminsäure-dekarboxylase durch Dihydralazin (Depressan).
×——× = Kontrolle ($n = 3$);
●——● = Depressan, $8{,}25 \cdot 10^{-4}$ Mol/l Endkonz. ($n = 2$);
○——○ = Depressan, $8{,}25 \cdot 10^{-4}$ + P-5-p, $8{,}0 \cdot 10^{-3}$ Mol/l Endkonz. ($n = 2$)

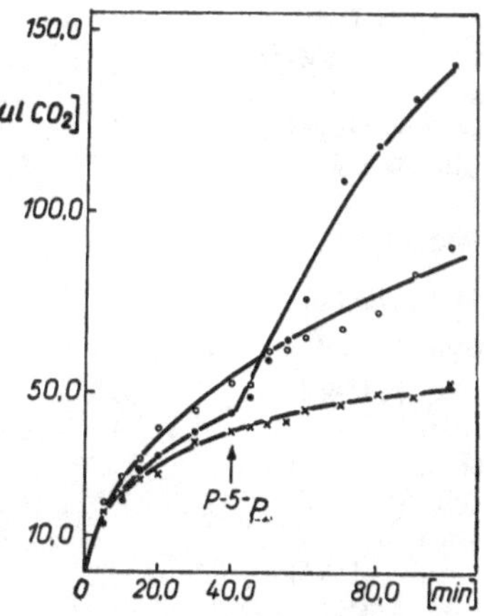

Abb. 3. Hemmung der Dopa-dekarboxylase durch Dihydralazin (Depressan).
○——○ = Kontrolle ($n = 2$);
×——× = Depressan, $1{,}6 \cdot 10^{-3}$ Mol/l Endkonz. ($n = 5$);
●——● = Depressan, $1{,}6 \cdot 10^{-3}$ + P-5-p, $1{,}6 \cdot 10^{-3}$ Mol/l Endkonz. ($n = 4$)

Durch 1,6 · 10^{-3} Mol/l bzw. 8,25 · 10^{-4} Mol/l Dihydralazin erreicht man eine gute Hemmung der Dopa- bzw. Glutaminsäuredekarboxylase, die selbst nach 40- bzw. 30-minütiger Vorinkubation mit dem Inhibitor noch durch PLP aufzuheben ist. Dabei konnten wir für Dihydralazin im Gegensatz zu MEDINA et al. [22] für UDMH, nur einen eindeutigen Reaktivierungseffekt bei Verwendung von Pyridoxal-5-phosphat feststellen. Diese Diskrepanz ist sicher auf die unterschiedlich gewählten Versuchsbedingungen zurückzuführen. Während bei MEDINA et al. Homogenat, Inhibitor und Reakti-

Tabelle 2

Beeinflussung der Dihydralazin-Wirkung auf die Glutaminsäure- und Dopa-dekarboxylase durch verschiedene B_6-Derivate

Endkonzentration [Mol/l]		% der Kontrolle (ohne)	$s_{\bar{x}}$	P [%]
Glutaminsäuredekarboxylase				
Kontrollaktivität $\bar{x}$ = 90,7 μl CO_2 (n = 24)				
Kontrolle + P-5-p	8,0 · 10^{-3}	166,2	±20,2	
Depressan	8,0 · 10^{-4}	31,0	± 4,14	
Depressan + P-5-p		99,1	±12,03	<0,1
Kontrolle + PAM	8,0 · 10^{-3}	101,9	±35,5	
Depressan	8,0 · 10^{-4}	12,3	± 6,6	
Depressan + PAM		28,1	±10,65	>5,0
Kontrolle + Pyr.	4,0 · 10^{-3}	91,1	±10,81	
Depressan	8,0 · 10^{-4}	34,8	± 1,00	
Depressan + Pyr.		19,1	± 2,41	>5,0
Kontrolle + PAM-p	1,6 · 10^{-3}	94,9	± 4,57	
Depressan	8,0 · 10^{-4}	30,8	± 4,54	
Depressan + PAM-p		33,6	± 4,99	>5,0
Kontrolle + PAL	8,0 · 10^{-3}	117,1	± 4,3	
Depressan	8,0 · 10^{-4}	33,6	± 1,39	
Depressan + PAL		30,7	± 0,0	>5,0
Dopa-Dekarboxylase				
Kontrollaktivität $\bar{x}$ = 81,2 μl CO_2 (n = 17)				
Kontrolle + P-5-p	1,6 · 10^{-3}	152,8	± 2,18	
Depressan	8,0 · 10^{-4}	57,1	± 2,14	
Depressan + P-5-p		129,8	± 6,18	<0,1
Kontrolle + PAM	1,6 · 10^{-3}	100,6	± 3,99	
Depressan	8,0 · 10^{-4}	43,2	± 1,55	
Depressan + PAM		53,1	± 3,61	>5,0
Kontrolle + Pyr.	1,6 · 10^{-3}	102,2	±11,14	
Depressan	8,0 · 10^{-4}	58,2	± 3,27	
Depressan + Pyr.		53,3	± 1,83	>5,0
Kontrolle + PAM-p	1,6 · 10^{-3}	100,6	± 0,87	
Depressan	8,0 · 10^{-4}	41,4	± 1,06	
Depressan + PAM-p		40,5	± 4,89	>5,0
Kontrolle + PAL	1,6 · 10^{-3}	89,8	± 0,95	
Depressan	8,0 · 10^{-4}	51,1	± 2,92	
Depressan + PAL		53,3	± 3,30	>5,0

vator im Hauptraum waren und die Reaktion durch Zugabe von Glutaminsäure aus dem Seitenarm gestartet wurde, erfolgte bei unseren Versuchen die Zugabe des Koenzyms aus einem zweiten Seitenarm. Da bei uns außerdem der Inhibitor gemeinsam mit dem Substrat aus dem ersten Seitenarm gekippt wurden und damit die Reaktion gestartet wurde, konnten hier keine unkontrollierten Reaktionen vor Versuchsbeginn stattfinden.
Auf Grund dieser dosisabhängigen Hemmung (Abb. 4) Pyridoxal-5-phosphat-abhängiger Fermente muß man eine wesentliche Störung des Aminosäurestoffwechsels erwarten. Die von uns bereits früher für einige Hydra-

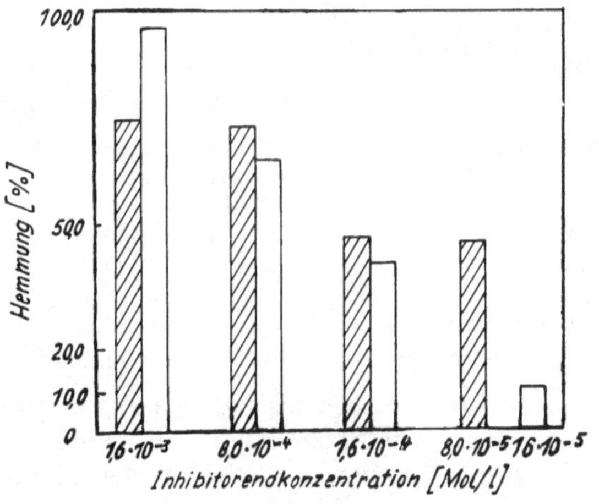

Abb. 4. Dosisabhängigkeit der Fermenthemmung durch Depressan.
▨ = Dopa-dekarboxylase; □ = Glutaminsäure-Dekarboxylase

zinoverbindungen beschriebene Senkung der Körpertemperatur [19], [20], als Ausdruck des gestörten Hirnstoffwechsels war unter Depressan ebenfalls ausgeprägt nachzuweisen [24]. Die Aufhebung der Fermenthemmung durch Pyridoxal-5-phosphat und die bereits in früheren Arbeiten gefundene Reduktion pharmakologischer Hydrazineffekte durch B_6 führten uns zu ähnlichen Versuchen über die Beeinflussung der hypotensiven Wirkung des Dihydralazin.
2. *Als* erstes *in vivo-Modell* für die Antagonisierung der hypotensiven Wirkung durch PLP benutzten wir den DOCA-Hochdruck. An Ratten kommt es unter unseren Versuchsbedingungen nach 15—20 Tagen zu einem Blutdruckanstieg um 60 mm Hg. Erhalten die Tiere jetzt zusätzlich Depressan, so ist der Blutdruck bereits nach 4—5 Tagen wieder um 40 mm Hg abgefallen. Durch vorherige PLP-Gabe kann man den Depressaneffekt abschwächen und die Blutdruckwerte nähern sich wieder dem Ausgangsdruck. Bei Absetzen der PLP-Gabe tritt der Depressaneffekt wieder auf. Pyridoxal-5-phosphat selbst hat keinen Einfluß auf den experimentellen Hypertonus (s. Abb. 5).

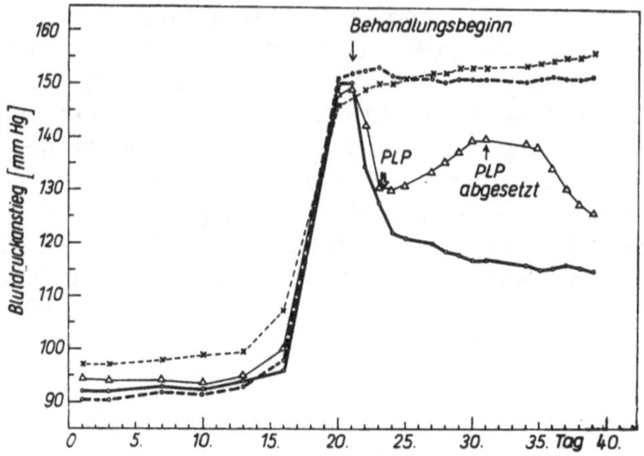

Abb. 5. Depressanwirkung an der chronisch hypertensiven Ratte mit und ohne Pyridoxal-5-phosphat-Vorbehandlung.
×———× = DOCA s.c.; o— — —o = DOCA + PLP 100 mg/kg s.c.; o———o = DOCA + Depressan 10 mg/kg i.p.; △———△ = DOCA + Depressan 10 mg/kg i.p.; DOCA + PLP (30 min vor Depressan) ↓ 20 mg/kg, ab ⇓ 100 mg/kg s.c.

Bei diesen chronisch-hypertensiven Tieren ist der Dihydralazineffekt analog der fermentinhibitorischen Wirkung deutlich abzuschwächen.

3. Bei akuten Versuchen an Katzen erwies es sich aus methodischen Gründen als günstiger, über einen mittelbaren Effekt zu gehen. Durch Epinephrin und Norepinephrin kommt es wie erwartet an der Katze zu einem deutlichen Blutdruckanstieg (erster Kurventeil der Abb. 6a), der nach Dihydralazininjektion deutlich abgeschwächt ist. Eine zusätzliche PLP-Gabe verstärkt den Blutdruckanstieg wieder. Umgekehrt führt Depressan nach vorheriger PLP-Applikation ebenfalls nicht zur Reduktion des Epinephrin- und Norepinephrinblutdruckanstieges (Abb. 6b).
In der Zusammenstellung zeigt sich deutlich der statistisch gesicherte Unterschied (Abb. 7).
In Analogie zu der Präparation des Dihydralazin-hydrazons wurden PLP und Depressan 15 min vor der Injektion in der Spritze gemischt. Nach dieser Vorbehandlung ist es nicht mehr in der Lage den aminbedingten Blutdruckanstieg zu verhindern. Dabei ist der Unterschied noch deutlicher als bei der in vivo-Inaktivierung (Abb. 8). Auch bei Gabe der äquivalenten Menge des präparierten Hydrazons ist keine derartige pharmakologische Wirkung mehr nachweisbar.

Diskussion

Aus diesen Befunden geht eindeutig hervor, daß Depressan auf Grund seiner Hydrazinstruktur in der Lage ist, PLP-abhängige Fermente zu hemmen. Dabei konnten wir zusätzlich zu der bereits beschriebenen Hemmung der Dopa-dekarboxylase eine deutliche inhibitorische Wirkung auf die wesent-

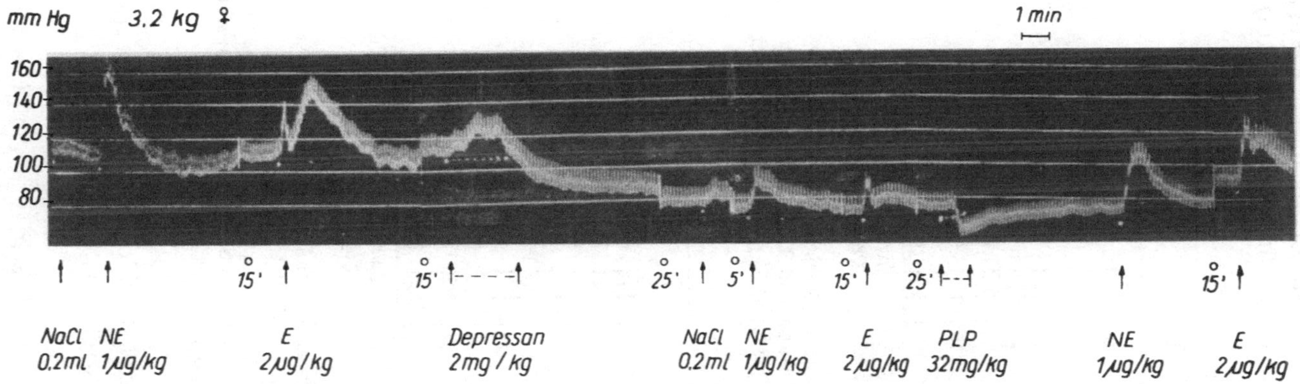

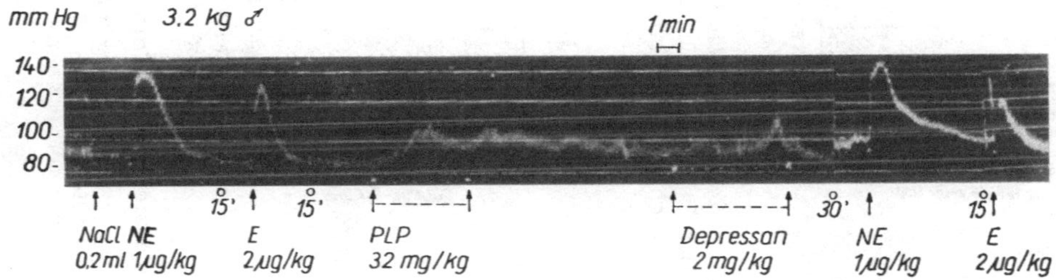

Abb. 6a und 6b. Hemmung des Epinephrin- und Norepinephrin-bedingten Blutdruckanstieges im akuten Versuch an der Katze

lich am Hirnstoffwechsel beteiligte Glutaminsäuredekarboxylase nachweisen. Diese Fermenthemmung läßt sich analog zu anderen Hydrazinen durch PLP-Gabe aufheben. Als Ursache dafür wird von Autoren eine

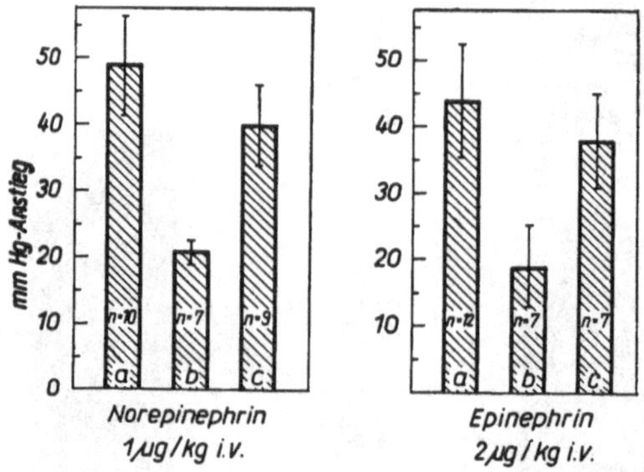

Abb. 7. Zusammenstellung der akuten Versuche an der Katze.
a = vor der Behandlung; b = nach Gabe von Depressan (2 mg/kg i.v.); c = nach anschließender Gabe von Pyridoxal-5'-phosphat (32 mg/kg i.v.)

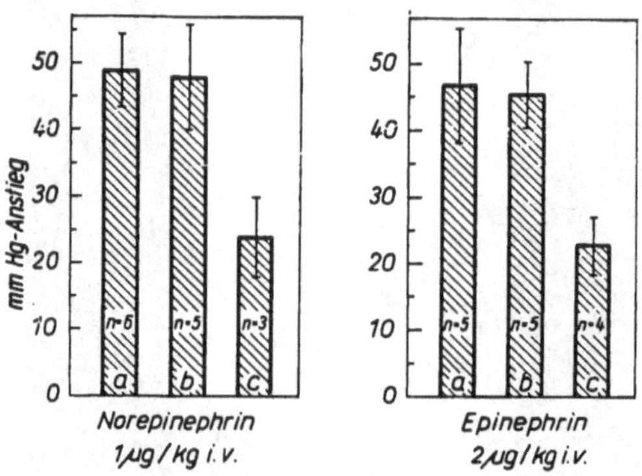

Abb. 8. Zusammenstellung der akuten Versuche an der Katze bei vorheriger Mischung von Dihydralazin und PLP.
a = vor der Behandlung; b = nach Gabe von Depressan (2 mg/kg i.v.) + PLP (32 mg/kg i.v.) (15 min vorher gemischt); c = nach anschließender Gabe von Depressan (2 mg/kg i.v.)

Reaktion mit der Aldehydgruppe des Pyridoxyl-5-phosphats und die Bildung eines entsprechenden Hydrazons angenommen (Übersicht bei [23]).

Diese Reaktion kann man spektrophotometrisch, wie von uns auch für andere Hydrazinokarbonsäuren berichtet wurde [15], gut verfolgen und auch das entsprechende Hydrazon ist darstellbar.

Analog zur Aufhebung der Dihydralazinhemmung wird auch der hypotensive Effekt am Ganztier abgeschwächt. Diese Befunde zeigen, daß auch in vivo eine Reaktion mit PLP möglich ist und daß für den hypotensiven Effekt die Hydrazingruppierung wesentlich ist.

Das ist in Übereinstimmung mit Befunden von DENYS et al. [3] und unseren früheren Ergebnissen [7], [20], daß pharmakologische Effekte von MAO-Hemmern des Hydrazidtypes durch B_6-Derivate abzuschwächen sind.

In diesen Untersuchungen konnten wir für andere Hydrazinoverbindungen einige pharmakologische Wirkungen durch PLP-Vorbehandlung ebenfalls reduzieren [20].

Inwieweit die durch Reaktion mit der Aldehydgruppe des PLP hervorgerufene Fermentinaktivierung über eine gestörte Amin-Synthese zur Blutdrucksenkung führt oder über eine Stoffwechselsenkung, insbesondere durch Eingriff in den Glutaminsäurestoffwechsel, kann daraus natürlich nicht geschlossen werden. Bei der Diskussion des Wirkungsmechanismus muß aber auf Grund der Befunde eine Störung des B_6-Metabolismus als wesentlich diskutiert werden.

Frau HARTMANN möchten wir für ihre fleißige und interessierte Assistenz danken.

Literatur

[1] GROSS, F., J. DRUEY u. R. MEIER: Eine neue Gruppe blutdrucksenkender Substanzen von besonderem Wirkungscharakter. Experientia [Basel] **6**, 19 (1950).

[2] SCHROEDER, H. A.: The Pharmacology of Hydralazine. In: Hypertension. The First Hahnemann Symposium on Hypertensive Disease. Edited by J. H. Moyer. Philadelphia and London 1959, S. 331.

[3] DENYS, A., I. LEVY u. E. MICKEL-BER: Contribution á l'étude du mécanisme de l'action antidépressive des inhibiteur de la monoaminooxydase (IMAO) au niveau du système nerveux central de la souris. 2. Influence de quelques dérivés de la pyridoxine sur l'action antidépressive des IMAO. J. de Physiol. **55**, 381 (1963).

[4] WERLE, E., A. SCHAUER u. G. HARTUNG: Einfluß von Hydrazin- und Guanylhydrazonderivaten auf die Aktivität der Monoaminooxydase, Diaminooxydase, Dopa-Dekarboxylase und Histidin-Dekarboxylase. Klin. Wschr. **33**, 562 (1955).

[5] SCHULER, W.: Zur Hemmung der Diaminooxydase (Histaminase). Experientia [Basel] **8**, 230 (1952).

[6] PERRY, H. M., S. TEITLEBAUM u. P. L. SCHWARTZ: Effect of antihypertensive agents on amino acid decarboxylation and amine oxydation. Federat. Proc. **14**, 113 (1955).

[7] REX, H., E. ACKERMANN u. P. OEHME: Über eine neue Gruppe zentralwirksamer Substanzen — Hydrazinokarbonsäuren. Vortrag auf dem Internationalen Symposium über Tranquilizer in Wroclaw vom 7.—9. 11. 1963.

[8] CRAVER, B. N., W. BARRET, A. CAMERON u. F. F. YONKMANN: Hypotensive effects of 1-Hydrazinophthalazine (Ba-5968). J. Amer. pharmac. Assoc., sci. Edit. **40**, 559 (1951).

[9] BEIN, H. J., J. TRIPOD, R. MEIER u. F. GROSS: Experimentelle Untersuchungen über die Blutdrucksenkung der Hydrazinophthalazinderivate Apresolin und Nepresol. Schweiz. med. Wschr. **83**, 336 (1953).

[10] de Jongh, D. K. u. E. G. van Prossdij-Hartzema: Pharmakotherapie von experimentellem Hochdruck. Acta physiol. pharmacol. neerl. **4**, 153 (1955).
[11] Ablad, B.: A study of the mechanism of the hemodynamic effects of hydralazine in man. Acta pharmacol. toxicol. [Köbenhavn], Suppl. **20**, 1 (1963).
[12] Jacques, R., J. Tripod u. R. Meier: Wechselwirkung zwischen Kupfer- bzw. anderen Schwermetallsalzen und verschiedenen Pharmaka an den Coronargefäßen des isolierten Herzen. Naunyn-Schmiedebergs Arch. exp. Pathol. Pharmakol. **230**, 26 (1957).
[13] Perry, H. M. u. H. A. Schroeder: Studies on the control of Hypertension by Hyphex 111. Pharmacological and chemical observations on 1-Hydrazinophthalazine. Amer. J. med. Sci. **228**, 396 (1954).
[14] Schuler, W. u. E. Wyss: Zur Frage der Spezifität der Wirkung blutdrucksenkender reserpinantagonistischer Hydrazinderivate auf Fermente und Metall-Katalysen biogener Amine in vitro. Arch. int. Pharmacodynam. Thérap. **128**, 431 (1960).
[15] Oehme, P., H. Rex u. E. Ackermann: Biochemische Untersuchungen zur Wirkungsweise einiger Hydrazinoverbindungen. Acta biol. med. german. **12**, 234 (1964).
[16] Roberts, E. u. S. Frankel: Glutamic acid decarboxylase in brain. J. biol. Chemistry **188**, 789 (1951).
[17] Holtz, P. u. E. Westermann: Über die Dopadecarboxylase und Histidindecarboxylase des Nervengewebes. Naunyn-Schmiedebergs Arch. exp. Pathol. Pharmakol. **227**, 538 (1956).
[18] Oehme, P., E. Göres, C. Schwarz u. G. Petsch: Zur Beteiligung der Hydrazonbildung am blutdrucksenkenden Effekt von Dihydralazin (Depressan). Vortrag auf der 7. Arbeitstagung der Industrie- und Hochschulpharmakologen der DDR, Weimar, Mai 1965.
[19] Ackermann, E., P. Oehme, H. Rex u. P. Lange: Untersuchungen zur pharmakologischen Wirkung der Hydrazinoessigsäure und ihrer Derivate. Acta biol. med. german. **12**, 322 (1964).
[20] Rex, H., E. Ackermann u. P. Oehme: Beeinflussung pharmakologischer Effekte einiger Hydrazinoverbindungen durch Pyridoxal-5-Phosphat. Acta biol. med. german. **14**, 397 (1965).
[21] Ackermann, E., H. Rex, P. Oehme u. G. Petsch: Untersuchungen zum Wirkungsmechanismus einer aromatischen Hydrazinokarbonsäure, der β-Phenyl-α-Hydrazinopropionsäure. Biochem. Pharmacol. **14**, 1197 (1965).
[22] Medina, M. A., H. D. Braymer u. J. L. Reeves: In vitro reversal of glutamate decarboxylase inhibition induced by 1,1-dimethylhydrazine. J. Neurochemistry **9**, 307 (1962).
[23] Vitamines and Hormones. Advances in Research and Application Vol. 22, New York, London 1964.
[24] Oehme, P. u. C. Schwarz: (unveröffentlicht).

Summary

P. Oehme, E. Göres, C. Schwarz and G. Petsch: The role of hydrazone formation in the hypotensive effect of dihydralazine (depressan)

In the present study the PLP-dihydralazine reaction has been demonstrated spectrophotometrically and the corresponding hydrazone been prepared. The observed inhibition of PLP-dependent enzymes (dopa- and glutamic acid decarboxylase) could be cancelled by subsequent addition of the coenzyme. Analogously, the hypotensive effect of dihydralazine in vivo could be lessened in both the acute and chronical experiment by pretreatment with PLP. Relations between the antihypertensive effect and the interference with pyridoxal-5-phosphate are discussed.

Резюме

П. Эме, Е. Гёрес, К. Шварц и Г. Печь: Поль образования гидразона при понижении кровяного давления, вызаванном дигидралазином (депрессаном)

Методом спектрофотометрии авторы демонстрировали реакцию ПЛП-дигидралазин и приготовили соответствующий гидразон. Наблюдаемое торможение ПЛП-зависимых ферментов (допа- и глютаминовой кислоты декарбоксилазы) можно было скомпенсировать последующей дачей коэнзима. Аналогично этому, удалось ослабить на модели животного, гипотенсивный эффект дигидралазина как в остром, так и в хроническом опыте предварительной обработкой ПЛП. Обсуждается отношение между антигипертенсивным эффектом и интерференцией с пиридоксал-5-фосфатом.

Acta biol. med. german., Band 16, Seite 558—565 (1966)

Aus dem Pathologischen Institut der Medizinischen Akademie „Carl Gustav Carus" Dresden (Direktor: Prof. Dr. med. habil. H. SIMON)

Wachstumsverzögerung und Akzeleration von Mammatumortransplantaten des Mäusestammes CBA/Bln durch Vorbehandlung der Empfänger mit vitalen Tumorzellen oder Milch zweier Mäusestämme

M. MÜLLER und E.-R. WELCKER

(Eingegangen am 5. 12. 1965)

Zusammenfassung

Die Vorbehandlung von CBA-Mäusen und F_1-Hybriden mit lebenden Mammatumorzellen führte entweder zur Hemmung oder Akzeleration des nachfolgenden Testinokulum. Durch empirische Variationen des Vorbehandlungsmodus hinsichtlich Zelldosis, Injektionsschema, Intervall zwischen Vorbehandlung und Testinokulation sowie Testdosis gelang es nicht, die jeweils für Hemmung oder Akzeleration entscheidenden Faktoren zu finden. Die Natur des Inhibitionseffektes im untersuchten System bleibt unklar, da eine passive Übertragung mittels immunkompetenter Zellen bisher nicht gelang.

Tumorwachstumsförderung war weiterhin sowohl durch Vorbehandlung der Empfänger mit Milch eines Mammatumor-belasteten als auch eines nicht belasteten Stammes zu erzielen. Als Erklärung für den Akzelerationsmechanismus werden neben immunbiologisch vermittelten Reaktionen im Sinne des „immunological enhancement" unspezifisch ausgelöste Wachstumsstimulationen diskutiert.

Die Vorbehandlung isologer Empfängertiere mit vitalen Mammatumorzellen führte in verschiedenen Versuchen nicht zu der erwarteten Hemmung, sondern zu einer Wachstumsbeschleunigung des Tumortestinokulum [8]. Dieser Akzelerationseffekt erwies sich hinsichtlich der zur Vorbehandlung verwendeten Geschwulstzellen als unspezifisch. Das Wachstum des Karzinom MT 32472 war sowohl durch eigenes Zellmaterial als auch durch Vorbehandlung mit MT 34436 zu fördern. Serum von Mäusen mit akzeleriertem MT 32472 ermöglichte eine passive Übertragung des wachstumsstimulierenden Effektes auf unvorbehandelte Rezipienten.

Bei weiteren Versuchen, durch Vorbehandlung mit lebenden Mammatumorzellen gegen nachfolgende Transplantate zu immunisieren, fielen die Ergebnisse in den einzelnen Serien recht unterschiedlich aus. Neben der genannten Akzeleration waren deutliche Hemmeffekte zu beobachten. Um die zur Erzielung einer Tumorhemmung günstigsten Bedingungen abgrenzen zu können, modifizierten wir den Vorbehandlungsmodus rein empirisch hinsichtlich Zellzahl, Zahl und Abstand der Einzeldosen sowie Intervall zwischen Vorbehandlungsbeginn und Testdosis. Der Einfluß der Vorbehandlung wurde weiterhin mit unterschiedlich hohen Zelldosen getestet. Da die in letzter Zeit für Mammakarzinome der Maus mitgeteilten, im Sinne einer erzielten Immunität positiven Untersuchungen [3], [4], [6], [7], vorwiegend mit Tieren durchgeführt wurden, die von Ammen oder Müttern eines Stammes mit niedriger Mammatumorfrequenz gesäugt worden waren, dehnten wir unsere Versuche auf (XVII ♀ × CBA ♂) F_1-Hybriden aus. Wenn auch diese Hybriden u. a. auf Grund der vertikalen Übertragbarkeit des Mammatumoragens (MTA) durch die CBA-Vatertiere [1], [2] nicht als MTA-frei anzusehen sind, scheinen sie für den Nachweis einer Transplantationsimmunität gegen mögliche Mammatumorantigene besser geeignet als homozygote Tiere des Mammatumor-belasteten Elternstammes [3], [4], [6], [7]. Eine eventuelle Antigenität der Mammatumoren wäre mit diesen Hybriden u. U. auch deshalb besser zu erfassen, da diese im Gegensatz zu CBA-Mäusen besser auf spezifische Antigene bestimmter chemisch-induzierter Geschwülste reagieren [9].

Auf die Möglichkeit, mit virushaltiger Milch zu immunisieren, wiesen Morton et al. [7] hin. Unter Verwendung von (XVII ♀ × CBA ♂) und (CBA ♀ × XVII ♂) F_1-Hybriden sollte diese Frage überprüft werden.

Material und Methodik

Tumoren

MT 32472, MT 34436 und MT 1 (spontane, bei CBA-Weibchen entstandene Adenokarzinome der Mamma). Für Vorbehandlung und Testinjektion wurden die Tumoren steril präpariert, durch ein Kunststoff-Sieb gedrückt, mit 0,9%iger NaCl-Lösung aufgenommen und daraus, wie bereits beschrieben [8], die gebrauchsfertige Zellsuspension hergestellt. Die angegebenen Tumorzelldosen beziehen sich auf vitale, nicht mit Trypanblau angefärbte Zellen. Die jeweils s.c. am Rücken applizierte Vorbehandlungsdosis und die s.c. in die Nackengrube inokulierte Testdosis gehen aus den Ergebnistabellen hervor. Entsprechende Kontrolltiere erhielten als Vorbehandlung gleiche Dosen einer gemischten Zellsuspension von Leber, Niere und Milz weiblicher CBA-Mäuse oder blieben unvorbehandelt. Kontrolle des Tumorwachstums durch Palpation 1—3 mal pro Woche.

Milch

Nach Dekapitation 1—6 Tage alter Saugmäuse der Stämme CBA und XVII wurde die geronnene Milch des Magens steril gewonnen, mit Medium 199 emulgiert, geschüttelt und in einer Menge von 0,1 ml i.p. injiziert. Jedes Tier erhielt bei der ersten Injektion 30 mg und 7 Tage später als Zweitinjektion 50 mg Milch (berechnet auf geronnene Milch des Magens).

Tiermaterial

Die Versuche wurden mit 3—6 Monate alten weiblichen Mäusen der Inzuchtstämme (strenge Bruder × Schwester-Kreuzung) CBA/Bln und XVII/Bln sowie ihren F_1-Hybriden beiderlei Geschlechts durchgeführt. Die Kontrolle der genetischen Homogenität beider Inzuchtstämme erfolgte durch regelmäßige Hauttransplantationstests.

Ergebnisse

Bei 7 von 12 Gruppen führte die Vorbehandlung mit lebenden Tumorzellen zu einer mehr oder weniger schwachen, insgesamt jedoch signifikanten Hemmung des Testinokulum (Tab. 1), bei 4 Gruppen zur Akzeleration (Tab. 2) und blieb bei einer Gruppe ohne sichtbare Auswirkung auf das

Tabelle 1

Wachstumshemmung des Testtumors durch Vorbehandlung mit lebenden Tumorzellen

Tiere	Vorbehandlungsdosis (Zellen)	Intervall zwischen Vorbehandlungsbeginn und Testinjektion [Tage]	Testdosis (Zellen)	Tiere mit Tumor/Gesamttierzahl		
				Versuchstiere	Tage nach Testinjektion	Kontrolltiere
CBA ♀	$8 \cdot 10^5$ (3 ED[1]) MT 32472/2 + 3[2]	28	$5 \cdot 10^4$ MT 32472/3	5/14 (T[3])	19	13/18 (LNM[4])
CBA ♀	10^3 (1 ED) MT 32472/1	37	10^4 MT 32472/3	0/12 (T) 0/8	17	5/17
CBA ♀	$13{,}5 \cdot 10^3$ (3 ED) MT 34436/1 + 2	38	$5 \cdot 10^3$ MT 34436/2	1/8 (T) 4/11 (2 T)	45	14/25 (LNM)
F_1-Hybr. ♂ (XVII ♀ × CBA ♂)	$11 \cdot 10^3$ MT 34436/1 + 2 (3 ED)	117		14/22		
F_1-Hybr. ♂ (XVII ♀ × CBA ♂)	$10{,}5 \cdot 10^3$ MT 34436/1 + 2 (2 ED)	117	$5 \cdot 10^4$ MT 34436/2	8/16	74	15/20
F_1-Hybr. ♂ (XVII ♀ × CBA ♂)	10^4 MT 34436/1 + 2 (1 ED)	77		9/19		
CBA ♀	$5 \cdot 10^4$ MT 1/1 (1 ED)	87	10^5 MT 1/3	10/15	63	13/15
				51/125 ~41%		60/95 ~63%

$\chi^2 = 62{,}2;\ \alpha < 0{,}1\%$

[1] ED = Zahl der Einzeldosen. — [2] Ziffer hinter Schrägstrich bezeichnet Transplantationsgeneration. — [3] T = Infolge Vorbehandlung bereits proliferierender Tumor entstanden. — [4] LNM = Vorbehandlung mit normaler Leber, Niere und Milz.

Tabelle 2

Wachstumsakzeleration des Testtumors durch Vorbehandlung mit vitalen Tumorzellen

Tiere	Vorbehandlungsdosis (Zellen)	Intervall zwischen Vorbehandlungsbeginn und Testinjektion [Tage]	Testdosis (Zellen)	Tiere mit Tumor/Gesamttierzahl		
				Versuchstiere	Tage nach Testinjektion	Kontrolltiere
CBA ♀	$3 \cdot 10^3$ (2 ED[1]) MT 32472/6 + 7[2]	73	10^4 MT 32472/7	13/13 (T[3])	15	3/8
F_1-Hybr. ♀ (XVII ♀ × CBA ♂)	$5 \cdot 10^2$ (1 ED) MT 32472	40	10^4 MT 32472/4	8/18	101	4/20
CBA ♀	$8 \cdot 10^5$ (3 ED) MT 32472/2 + 3	28	$5 \cdot 10^4$ MT 32472/3	4/12	15	3/18 (LNM[4])
CBA ♀	$13{,}5 \cdot 10^3$ (3 ED) MT 34436/1 + 2	38	$5 \cdot 10^3$ MT 34436/2	4/6 (3 T)	31	5/25 (LNM)
				29/49 ~59%		15/71 ~21%

$\chi^2 = 18{,}1;\ \alpha < 0{,}1\%$

[1] ED = Zahl der Einzeldosen. — [2] Ziffer hinter Schrägstrich bezeichnet Transplantationsgeneration. — [3] T = Infolge Vorbehandlung bereits proliferierender Tumor entstanden. — [4] LNM = Vorbehandlung mit normaler Leber, Niere und Milz.

Tabelle 3

Wachstumsakzeleration des Testtumors durch Vorbehandlung mit Milch des Stammes CBA und XVII

Tiere	Vorbehandlung	Testinjektion		Tiere mit Tumor/Gesamttierzahl			
		Tage nach Vorbehandlungsbeginn	Zelldosis	Tage nach Testinjektion 21. Tag		31. Tag	Tumor-Gew. [g] $\bar{x} \pm s\,\bar{x}$
1. (CBA ♀ × XVII ♂) F_1-♂Hybriden	0,2 ml (2 ED[1]) CBA-Milch	34	$1{,}8 \cdot 10^5$ MT 1/4 + 5[2]	11/12	} 23/24	12/12	3,03 ± 0,84
2. (CBA ♀ × XVII ♂) F_1-♂Hybriden	0,2 ml (2 ED) XVII-Milch	34	$1{,}8 \cdot 10^5$ MT 1/4 + 5[2]	12/12		12/12	1,82 ± 0,31
3. (CBA ♀ × XVII ♂) F_1-♂Hybriden	—	34	$1{,}8 \cdot 10^5$ MT 1/4 + 5[2]	3/12		10/12	0,84 ± 0,2
				$\chi^2 = 20{,}0$ $\alpha < 0{,}1$			
1. (XVII ♀ × CBA ♂) F_1-♂Hybriden	0,2 ml (2 ED) CBA-Milch	34	$1{,}8 \cdot 10^5$ MT 1/4 + 5[2]	8/13	} 17/25	10/13	2,57 ± 0,62
2. (XVII ♀ × CBA ♂) F_1-♂Hybriden	0,2 ml (2 ED) XVII-Milch	34	$1{,}8 \cdot 10^5$ MT 1/4 + 5[2]	9/12		10/12	1,12 ± 0,39
3. (XVII ♀ × CBA ♂) F_1-♂Hybriden	—	34	$1{,}8 \cdot 10^5$ MT 1/4 + 5[2]	5/14		8/14	1,85 ± 1,47
				$\chi^2 = 3{,}81$ $\alpha \approx 5\%$ (χ^2 tab. = 3,84)			

[1] ED = Zahl der Einzeldosen. — [2] Ziffer hinter dem Schrägstrich kennzeichnet Transplantationsgeneration.

Tumorwachstum. Für die endgültige Auswertung wurde jeweils der Tag mit dem größten Unterschied zwischen Versuchs- und Kontrollgruppe gewählt, da sich die Tumorziffern beider Gruppen im allgemeinen gegen Versuchsende einander anglichen und nur in Einzelfällen die anfangs beobachteten Unterschiede durch Wägung der Tumoren zu objektivieren waren.

Eine deutliche Akzeleration der Testinokula war auch nach Vorbehandlung der Empfängertiere mit Milch zu beobachten (Tab. 3). Dieser Effekt war vom Spenderstamm bzw. dessen Mammatumorbelastung unabhängig. Sowohl Milch des Stammes CBA (belastet) als auch des Stammes XVII (unbelastet) förderte das Tumorwachstum signifikant. Die Zahl der insgesamt in allen 3 Gruppen entstandenen Tumoren lag bei (CBA ♀ × XVII ♂) F_1-Hybriden mit 34/36 höher als bei (XVII ♀ × CBA ♂) F_1-Hybriden mit 28/39.

Diskussion

Die Vorbehandlung mit lebenden Mammatumorzellen führte bei CBA-Mäusen und F_1-Hybriden entweder zur Hemmung oder zur Akzeleration des nachfolgenden Testinokulum. Die verschiedenen, rein empirisch angewandten Variationen des Vorbehandlungsmodus konnten keine gesetzmäßig erfaßbare Relation zwischen Vorbehandlung und Tumorwachstum aufzeigen. Ein sicherer Einfluß bereits während der Vorbehandlung entstandener Tumoren auf das Testinokulum war ebenfalls nicht zu erfassen (Tab. 1 und 2), da unter diesen Bedingungen sowohl Hemmung als auch Akzeleration auftraten. MARTINEZ et al. [5] sowie PRINCE et al. [10] sahen Resistenz gegen Mammatumorimplantate in Gegenwart von Lungenmetastasen und faßten diese Erscheinungen als Immunreaktion auf. Die einerseits von uns beobachtete Tumorhemmung kann vorläufig noch nicht als spezifische Immunreaktion gegen Tumorantigene interpretiert werden, da die passive Übertragung des Hemmeffektes mittels immunkompetenter Zellen auf unvorbehandelte Empfänger bisher nicht gelang (unveröffentlichtes Ergebnis). MORTON et al. [7] konnten hingegen die gegen Mammatumortransplantate induzierte Immunität durch Milzzellen, ATTIA et al. [3] durch Lymphknoten- bzw. Peritonealzellen übertragen, wodurch beide Arbeitsgruppen die Existenz spezifischer Antigene für Mammakarzinome der Maus wahrscheinlich gemacht haben.

In den vorliegenden Untersuchungen gelang die von MORTON et al. [7] beschriebene Immunisierung gegen Mammatumortransplantate durch Milch des belasteten Mäusestammes nicht. Die Vorbehandlung mit Milch führte sogar zu einer Tumorwachstumsbeschleunigung, unabhängig vom Belastungsgrad des Spenderstammes. Auch konnten wir keine unterschiedliche Reaktionsweise auf die zur Immunisierung verwendete Milch bei Hybriden belasteter Mütter gegenüber solchen unbelasteter Mütter beobachten. Ähnliche Verhältnisse beobachteten wir nach Vorbehandlung mit lebenden

Tumorzellen. LAVRIN et al. [4] nehmen an, daß spezifische Antigene von Mammatumoren in irgendeiner Form durch die Gegenwart des BITTNER-Agens determiniert werden. Ihr Nachweis gelingt allerdings nicht ohne weiteres bei Mäusen des entsprechenden virusbelasteten Stammes auf Grund einer gegen das Virus ausgebildeten Immuntoleranz. LAVRIN et al. erklären damit die experimentell beobachtete unterschiedliche Reagibilität auf Mammatumorantigene bei Mäusen, die mit Milch verschieden hoch belasteter Stämme gesäugt worden waren. Obwohl die vorliegenden Ergebnisse mit diesen Beobachtungen nicht übereinstimmen, kann eine immunologische Toleranz als Ursache mangelnder Immunreaktionen gegen Mammatumorzellen im vorliegenden System nicht ausgeschlossen werden, da (XVII ♀ × CBA ♂) F_1-Hybriden das MTA ebenfalls enthalten und dagegen tolerant sein können.

Die Natur des beschriebenen Akzelerationseffektes bleibt auch weiterhin ungeklärt. Seine Auslösbarkeit durch Milch eines unbelasteten Mäusestammes schließt ein „immunological enhancement", das von uns wegen der möglichen passiven Übertragung des Effektes mittels Serum diskutiert wurde [8], nicht aus. Da die Mammatumorbelastung eines Mäusestammes bekanntlich nicht nur von der Anwesenheit des MTA, sondern auch von hormonellen und genetischen Faktoren bestimmt wird, garantiert die niedrige Mammatumorfrequenz des Stammes XVII keine MTA-Freiheit der Milch. Es könnte demnach sowohl CBA-Milch als auch evtl. XVII-Milch die Bildung von Antikörpern gegen das MTA induzieren, die im Sinne des „immunological enhancement" wirksam sind.

Weiterhin muß an die Möglichkeit einer nicht immunologisch vermittelten unspezifischen Reaktionsweise gedacht werden, die u. U. bei einzelnen Mäusestämmen besonders stark ausgeprägt sein kann. Inwieweit in diesem Falle die Bereitschaft zur Akzeleration mit einer schwachen Immunreaktion interferieren, diese überdecken und somit Ursache des wechselhaften Ausfalls der beschriebenen Immunisierungsversuche sein kann, muß durch weitere Untersuchungen geklärt werden. Möglicherweise ist dann die schlechte Reagibilität des CBA-Stammes gegenüber Antigenen chemisch induzierter Tumoren [9] auf einen solchen Mechanismus zurückzuführen.

Literatur

[1] ANDERVONT, H. B. u. TH. B. DUNN: J. nat. Cancer Res. **8**, 227 (1947/48).
[2] ANDERVONT, H. B. u. TH. B. DUNN: J. nat. Cancer Res. **8**, 235, (1947/48).
[3] ATTIA, M. A., K. B. DEOME u. D. W. WEISS: Cancer Res. **25**, 451 (1965).
[4] LAVRIN, D., M. DEZFULIAN u. D. W. WEISS: Proc. Amer. Assoc. Cancer Res. **6**, 38 (1965).
[5] MARTINEZ, C., J. B. AUST, J. J. BITTNER u. R. A. GOOD: Cancer Res. **17**, 205 (1957).
[6] MORTON, D. L.: Proc. Amer. Assoc. Cancer Res. **5**, 46 (1964).
[7] MORTON, D. L., L. GOLDMAN u. D. A. WOOD: Proc. Amer. Assoc. Cancer Res. **6**, 47 (1965).

[8] Müller, M. u. E.-R. Welcker: Acta biol. med. german. **15**, 147 (1965).
[9] Pasternak, G.: Acta biol. med. german. **10**, 572 (1963).
[10] Prince, J. E., J. C. Fardon, L. G. Nutini u. G. S. Sperti: Cancer Res. **17**, 312 (1957).

Anschrift der Verfasser: Dr. med. Martin Müller und Dr. med. E.-R. Welcker, Pathologisches Institut, 8019 Dresden, Schubertstr. 15.

Summary

M. Müller and E.-R. Welcker: Growth deceleration and acceleration of mammary tumor transplantates of the CBA/Bln mouse strain by pretreatment of the recipients with vital tumor cells or with milk of two mouse strains

Pretreatment of the CBA mice and F_1 hybrids with living mammary tumor cells caused either inhibition or acceleration to the following test inoculum. The authors were unable to find the real factors of this inhibition or acceleration by varying the experimental conditions. The nature of the inhibitive effect in the system investigated remains vague, since a passive transfer by means of immune-competent cells could not be accomplished so far.
The growth stimulation could be achieved furthermore by giving the animals milk of strains having and not having mammary cancer. The acceleration is described to be due to immunobiologically induced reactions in the sense of the "immunological enhancement", and by unspecifically released growth stimulations.

Резюме

М. Мюллер и Е.-Р. Велкер: Торможение и ускорение роста трансплантатов рака молочной железы мышей штамма СБА/Блн предварительной обработкой реципиентов живущими опухолевыми клетками или молоком мышей двух штаммов

Преварительная обработка мышей CBA/Bln и гибридов F_1 живущими раковыми клетками приводит или к торможению или ускорению последующего контрольного инокулума. Авторам не удалось установить основные факторы, вызывающие торможение или ускорение роста опухоли. Природа тормозящего эффекта в исследуемой системе остается неясным, так как пока не удалось совершить пассивную передачу посредством иммункомпетентных клеток. Ускорение роста опухоли кроме того достигалось дачей реципиентам молока штамма, имеющего и не имеющего рака молочной железы. Для объяснения механизма ускорения приводятся иммунобиологически обусловленные реакции в смысле ,,immunological enhancement", а также неспецифично вызванные стимуляции роста.

Acta biol. med. german., Band 16, Seite 566—570 (1966)

Aus dem Pathologischen Institut der Humboldt-Universität Berlin, dem Rudolf-Virchow-Haus der Charité (Direktor: Prof. Dr. L. H. KETTLER)

Untersuchungen zur Sukzinodehydrogenaseaktivität der Aorta und der A. pulmonalis des Kaninchens

H. A. HACKENSELLNER, E. SEIDLER und K. SAJKIEWICZ

(Eingegangen am 29. 12. 1965)

Zusammenfassung

Untersuchungen der Sukzinodehydrogenaseaktivität unter Verwendung von Triphenyltetrazoliumchlorid (TTC) als Indikator haben gezeigt, daß die Fermentaktivität im Bereich der Aorta thoracalis und der extrapulmonalen Teile der Lungenschlagader von zentral gegen peripher abfällt und daß die Aktivitätswerte für den Stamm der A. pulmonalis wesentlich höher liegen als die für das herznächste Segment der Aorta. Diese Befunde, die sowohl für die Reduktion in Gegenwart von Substrat als auch für die sukzinat-spezifische Reduktion (Reduktion mit Substrat minus Reduktion ohne Substrat) gelten, werden an Hand der Literatur diskutiert.

Unter Verwendung der WARBURG-Technik konnte gezeigt werden (SAJKIEWICZ und HACKENSELLNER [2]), daß bei Kaninchen die Sukzinodehydrogenaseaktivität der Aorta und die der A. pulmonalis signifikant differieren. Diese wie auch weitere Unterschiede, die im Verlauf der in Segmente zerlegten beiden Gefäße nachzuweisen waren, sind mit dem Wandaufbau korreliert. Die Ergebnisse erfahren jedoch in ihrer Aussagekraft durch die Existenz einer ebenfalls strukturell determinierten Diffusionszone eine Einschränkung. Nur im Bereiche der Äste der A. pulmonalis unterschreitet die Dicke der Gefäßwand die der spezifischen Diffusionszone.

Wir hatten uns die Aufgabe gestellt, die gleichen Gefäße und Gefäßsegmente mit einem kolorimetrisch auswertbaren Verfahren, das gestattet, die gesamte Gefäßwand am Stoffwechsel teilnehmen zu lassen, hinsichtlich ihrer Sukzinodehydrogenaseaktivität miteinander zu vergleichen. Vorversuche zeigten, daß das in der neueren histochemischen und biochemischen Literatur fast ausschließlich verwendete NBT (Nitrobloutetrazoliumchlorid) für diese Zwecke nicht geeignet ist. Hingegen erwies sich uns das in der Histochemie wegen der Grobkörnigkeit der resultierenden Formazankristalle nicht mehr aktuelle Triphenyltetrazoliumchlorid (TTC) als brauchbar. Seine Diffusionsgeschwindigkeit ist groß genug, um auch die innersten Schichten der Gefäßwand an der Reaktion teilnehmen zu lassen.

Material und Methodik

Insgesamt kamen Aorten und Pulmonalarterien von 38 Kaninchen beiderlei Geschlechtes mit einem Gewicht zwischen 2620 und 4180 g zur Untersuchung. Es wurden mittels Stanze Proben aus dem Pulmonalisstamm (PSt), aus den beiden Lungenschlagaderästen (PA), aus dem herznahen und herzfernen Abschnitt des Aortenbogens (AB_1 und AB_2) und aus 8 aufeinanderfolgenden, durch die Abgänge der Interkostalarterien markierten Segmenten der Aorta thoracalis descendens (AD_1-AD_8) entnommen (Sajkiewicz und Hackensellner [2]). Die Präparation dauerte etwa 1 Std.; sie erfolgte in eisgekühlter physiologischer Kochsalzlösung.
Die Gewebeproben wurden bei 37 °C für 2 Std. in verschlossenen Gefäßen im Wasserbad inkubiert. Die Inkubationslösung setzte sich, in Anlehnung an Sprinz und Waldschmidt-Leitz [3], wie folgt zusammen:
3 ml Phosphatpuffer nach Sörensen (I); 1 ml Na-Sukzinat, 0,1 M in I; 4 ml TTC (1,5%) in I.
Alle Lösungen waren auf *p*H 7,4 eingestellt. Die Ferment-Reaktion wurde mit 2%iger Salzsäure gestoppt. Nach mehrmaligem Waschen der Gewebeproben mit physiologischer Kochsalzlösung wurde das entstandene Formazan mit Azeton eluiert und die Extinktion der roten Lösung unter Verwendung monochromatischen Lichtes (530 nm) bestimmt. Die mittels einer Eichkurve erhaltenen mg reduzierten TTCs wurden auf den Stickstoffgehalt der Gewebestücke (nach Kjeldahl) bezogen.
Als Spezifitätskontrollen dienten Ansätze ohne Substrat sowie Ansätze mit Malonat (Endkonzentration 10^{-2} Mol/l) und Azid (Endkonzentration 10^{-4} Mol/l) an Stelle von Substrat.

Ergebnisse

Kontrollen

Größe, Form und Dichte der Formazankristalle sind nach histologischen Beobachtungen in allen Schichten, auch der dicksten Gefäßwandabschnitte (Aortenbogen) gleich. Werden die Proben in zahlreiche feine Streifen zerlegt inkubiert, so sind die Aktivitätswerte nicht höher als die in den Hauptversuchen. Daraus kann geschlossen werden, daß bei unserem Vorgehen die Fermentaktivität aller Wandschichten erfaßt wird.
Die Sukzinodehydrogenaseaktivität ist durch zusätzliches kurzfristiges Einfrieren mit Kohlensäureschnee und Wiederauftauen der Proben (teilweise Desintegration der Zellen) nicht zu steigern.
Unter der Wirkung von Malonat und Azid ist nur im Bereich des Aortenbogens (AB_1 und AB_2) und des Pulmonalarterienstammes (PSt) ein deutliches starkes Absinken der Aktivitätswerte, und zwar auf etwa 50%, festzustellen. In allen übrigen Gefäßsegmenten ist die Abnahme der Aktivität unter dem Einfluß dieser Inhibitoren nur gering.

Hauptversuche

Die Ergebnisse sind in Tabelle 1 dargestellt. Die Gesamtreduktion bei Verwendung von Sukzinat als Substrat fällt im Bereich der Aorta vom herznächsten Segment AB_1 bis zum herzfernsten Segment AD_8 im wesentlichen gleichmäßig ab. Der für den Pulmonalast erhaltene Wert entspricht etwa dem des proximalsten Aortensegmentes, während die Reduktionsaktivität des Truncus pulmonalis 3mal so hoch ist.

Tabelle 1

Reduktion von Triphenyltetrazoliumchlorid durch Gewebe verschiedener Segmente der Aorta und der A. pulmonalis in Gegenwart und bei Fehlen von Sukzinat sowie für diese Proben errechnete sukzinatspezifische Reduktion in μg reduz. TTC/mg Stickstoff

Gefäß-abschnitt	Reduktion in Gegenwart von Sukzinat			Reduktion ohne Sukzinatzusatz			sukzinat-spezifische Reduktion
	N_1	$\bar{x}_1$	$s_{\bar{x}}$	N_2	$\bar{x}_2$	$s_{\bar{x}}$	$\bar{x}_1 - \bar{x}_2$
AB_1	24	32,2	5,9	8	18,5	3,3	13,8
AB_2	25	23,5	3,3	8	11,5	3,6	12,0
AD_1	21	18,1	2,4	7	7,5	2,6	10,6
AD_2	21	16,7	3,4	7	4,2	0,7	12,5
AD_3	21	16,3	2,0	7	3,8	0,8	12,5
AD_4	21	13,7	1,7	7	7,5	2,7	6,2
AD_5	20	16,3	2,0	6	8,2	4,9	8,1
AD_6	21	13,2	1,8	6	5,1	1,0	8,1
AD_7	19	13,8	1,9	7	4,0	0,5	9,8
AD_8	19	10,5	1,4	6	3,7	0,9	6,8
PSt	24	107,5	8,9	7	83,5	22,2	24,0
PA	24	30,5	4,0	7	15,1	3,8	15,4

Grundsätzlich ähnliche Verhältnisse zeigen sich bei den Versuchen ohne Sukzinat (Reduktion endogenen Substrates + unspezifische Reduktion), doch ist hier die relative Differenz zwischen den Werten von Proben aus dem Pulmonalisstamm und den nächsthöchsten Werten (AB_1 und PA) noch ausgeprägter (Wert für PSt 5mal höher als derjenige für PA). Auch der Abfall der Aktivität im Verlauf der Brustaorta ist stärker als bei der Gesamtreduktion.

Errechnet man die sukzinatspezifische Reduktion durch Abzug der Reduktion ohne Substrat von der Gesamtreduktion, so zeigt sich, daß auch sie alle Charakteristika der beiden oben besprochenen Wertreihen erkennen läßt.

Diskussion

Vergleichende Untersuchungen zum Stoffwechsel der Aorta und der Arteria pulmonalis liegen unseres Wissens nur von Kirk [1] sowie Sajkiewicz und Hackensellner [2] vor.

Kirk [1], der Homogenate von Aorta sowie von Pulmonal- und Koronararterie des Menschen biochemisch auf die Aktivität zahlreicher Fermente überprüfte, fand zwischen den beiden uns interessierenden großen Gefäßen nur geringe quantitative Unterschiede (meist im Sinne etwas niedrigerer Werte für die Lungenschlagader!). Die Erfassung der Sukzinodehydrogenaseaktivität hatte dieser Autor in seine Untersuchungen allerdings nicht einbezogen.

Die wichtigsten der mittels WARBURG-Technik von SAJKIEWICZ und HACKENSELLNER erhobenen Befunde wurden eingangs wiedergegeben. Sie fanden, sowohl was den Abfall der Sukzinodehydrogenaseaktivität der Aorta gegen peripher zu als auch was die durchschnittlich höhere Aktivität der A. pulmonalis im Vergleich zur Aorta betrifft, in den vorliegenden Untersuchungen ihre Bestätigung. Bei Verwendung des leicht diffundierenden TTC als Wasserstoffakzeptor zeigt sich aber, daß die scheinbar extreme Höhe der Aktivitätswerte der Pulmonaläste in den WARBURG-Versuchen allein auf ein Überschreiten der spezifischen Grenzschichtdicke, d. h. auf eine unvollständige Erfassung der enzymatischen Potenzen in den übrigen untersuchten Segmenten zurückzuführen ist. Sind die Bedingungen für alle Gefäßabschnitte gleich, so fällt auch im Bereiche der Lungenschlagader die Aktivität der Sukzinodehydrogenase gegen peripher ab.

Die Ergebnisse der Kontrolluntersuchungen mit Malonat und Azid zeigen, daß in den zentralen Gefäßabschnitten (AB_1, AB_2, PSt) auch noch 1 Std. nach Tötung der Versuchstiere anscheinend genügende Mengen endogenen Substrates vorliegen. Sie lassen aber auch erkennen, daß bei Verwendung von TTC als Indikator in allen Gefäßabschnitten beachtliche nicht-enzymatische („chemische"), durch Malonat und Azid nicht hemmbare unspezifische Reduktionskräfte wirksam sein müssen.

Literatur

[1] KIRK, J. E.: Enzyme activities of human arterial tissue. Ann. New York Acad. Sci. **72**, 1006 (1959).

[2] SAJKIEWICZ, K. u. H. A. HACKENSELLNER: Beziehungen zwischen manometrisch gemessener Sukzinodehydrogenaseaktivität und strukturellem Aufbau der Aorta und der A. pulmonalis des Kaninchens. Acta biol. med. german. **15**, 649 (1965).

[3] SPRINZ, H. u. E. WALDSCHMIDT-LEITZ: Über die Aktivität von Bernsteinsäuredehydrase und Katalase der Leber nach der Einführung von Lebergiften. Hoppe-Seyler's Z. physiol. Chemie **293**, 16 (1953).

Anschrift der Verfasser: Dr. med. HANS ALOIS HACKENSELLNER, Dr. rer. nat. EBERHARD SEIDLER und Dr. med. KLAUS SAJKIEWICZ, Pathologisches Institut der Humboldt-Universität, 104 Berlin, Schumannstr. 20/21.

Summary

H. A. HACKENSELLNER, E. SEIDLER and K. SAJKIEWICZ: Studies on the succinate dehydrogenase activity of the aorta and the A. pulmonalis of rabbits

Studies on the activity of succinate dehydrogenase using triphenyltetrazolium chloride (TTC) as indicator showed that the enzyme activity decreases in the region of the aorta thoracalis and the extrapulmonary parts of the arteria pulmonalis from the centre towards the periphery, and that the activity values are considerably higher for the trunk of the pulmonary artery than for the aorta segment next to the heart. These findings which are valid for both the reduction in presence of the substrate and for the succinate-specific reduction (reduction with substrate minus reduction without substrate) are discussed with reference to the literature.

Резюме

Х. А. Хакензеллнер, Е. Зайдлер и К. Зайкевич: Исследования об активности сукцинатдегидрогеназы аорты и легочной артерии кролика

Исследования об активности сукцинатдегидрогеназы с применением трифенилтетразолхлорида в качестве индикатора показали, что активность фермента уменьшается в области аорты и экстрапульмональных частей легочной артерии к периферии и что величины активности гораздо выше для ствола легочной артерии, чем для сегмента аорты, ближайшего к сердцу. Эти наблюдения, которые действительны как для восстановления в присутствии субстрата, так и для сукцинатспецифичного восстановления (восстановление с субстратом минус восстановление без субстрата) обсуждаются с учетом литературы.

Kurzmitteilungen

Acta biol. med. german., Band 16, Seite 571—573 (1966)

Aus dem Pharmakologischen Institut der Martin-Luther-Universität Halle-Wittenberg
(Damaliger Direktor: Prof. Dr. K. POHLE)

Über Untersuchungen zur Wertbestimmung von Hustenmitteln an wachen Ratten

W. SCHOTTEK

(Eingegangen am 18. 11. 1965)[1]

Zusammenfassung

1. Es wird über Hustenversuche mit 240 nichtnarkotisierten Ratten berichtet, die als tussigenes Reizgas ein NH_3-Luft-Gemisch im Verhältnis 1:500 einzuatmen bekamen. Die durch akustische und visuelle Beobachtung ermittelten Hustenstöße betrugen im Mittel $8{,}3 \pm 2{,}7$ pro min.
2. Es wird nach Art und Häufigkeit des beobachteten Hustens eine Einteilung in hustenbereite und hustenträge Ratten, in Vielhuster, Wenighuster sowie Takthuster und Salvenhuster vorgenommen.
3. Es wird über die Wirkungsstärken der den experimentellen Reizhusten bei Ratten hemmenden Pharmaka Morphin, Kodein, Methadon und Pethidin berichtet.

Prinzipiell ist es möglich, bei Versuchstieren experimentellen Husten durch mechanische oder chemische Reizung, vor allem der Schleimhäute von Trachea und Bronchien, sowie durch elektrische Reizung des N. laryngeus superior bzw. des vorgelagerten Vagus zu provozieren. Von allen drei Möglichkeiten wurde schon reichlich Gebrauch gemacht. Die mechanischen Reizungen und die meisten der elektrischen Methoden sind aus unserer Sicht wenig geeignet, da fast ausschließlich narkotisierte Versuchstiere verwendet werden müssen, also Tiere, deren Hustenbereitschaft schon beeinflußt ist. Dieselben Bedenken gelten auch für einige Methoden mit chemischer Reizung; vorwiegend ist hier jedoch am wachen Tier gearbeitet worden. Die Zahl der mit Erfolg verwendeten Reizstoffe ist relativ klein, die Applikationsform fast ausschließlich die Inhalation. Relativ häufig wird Ammoniak benutzt, und zwar als konzentriertes HN_3-Gas, das mittels Katheter direkt in Trachea und Bronchien geleitet wird, bzw. als NH_4OH-Aerosol oder als NH_3-Luft-Gemisch, das die Versuchstiere in einer Kammer einatmen. Nach entsprechenden Vorversuchen entschlossen wir uns, mit nichtnarkotisierten Ratten zu arbeiten und denjenigen Methoden zu folgen, die ein NH_3-Luft-Gemisch als tussigenen Reizstoff empfehlen [1]—[3], [5], [7].

[1] Nach Revision am 26. 1. 1966.

Methodik

Als Versuchstiere dienten 240 Albinoratten institutseigener Zucht. Die Tiere wurden 12 Std. vor Versuchsbeginn nüchtern gesetzt und hatten ein durchschnittliches Körpergewicht von 180 ± 23 g. Während des eigentlichen Hustenversuches befanden sich die Tiere in einer gläsernen Kammer, durch welche als tussigenes Reizgas für 1 min ein NH_3-Luft-Gemisch im Verhältnis 1 : 500 hindruchströmte; die Tiere atmeten in diesem Zeitraum also aus einem Gasgemisch, das 0,2 Vol.% Ammoniak enthielt. Die Feststellung der bei Einwirkung dieses Reizgases in 1 min produzierten Hustenstöße („Hustenzahl"), 1,5 Std. vor und 30 min nach s.c. Injektion eines Hustenmittels, dienten uns als Grundlage für die quantitative Wertbestimmung. Das Kriterium eines hustenhemmenden Effektes nach Applikation eines Pharmakons war für uns immer dann gegeben, wenn ein Versuchstier trotz Einwirkung des tussigenen Reizgases die „Hustenzahl" 1 hatte oder überhaupt nicht hustete. Als hustenreflexhemmende Pharmaka wurden untersucht: Kodein, Methadon, Pethidin und Morphin. Die Auswertung der Versuchsergebnisse erfolgte mittels des von Litchfield und Wilcoxon [4] angegebenen Verfahrens. Je Dosis und Substanz wurden 10 Tiere (5 männliche und 5 weibliche) eingesetzt.

Ergebnisse

Bei Einwirkung des von uns benutzten Reizgases hoben die Ratten in 1 min mehrmals den Kopf, öffneten weit das Maul und stießen dabei mehr oder weniger kräftige bellende Laute aus. Diese Hustenstöße waren unter Zwischenschaltung eines Mikrofons und eines Lautsprechers deutlich zu hören. Den echten Hustenstößen ging jedoch sehr oft, besonders beim Anfluten des Reizgases, ein Niesen, Schnaufen oder Knurren voraus, das dem Husten manchmal ähnlich klang und nur durch zusätzliche Feststellung der typischen Kopfhaltung, also durch genaue Beobachtung, von echten Hustenstößen unterschieden werden konnte. Die hustenähnlichen Nebengeräusche erschwerten leider eine Registrierung der echten Hustenstöße ganz beträchtlich, weshalb wir auf eine solche verzichteten.

Unter unseren Ratten befanden sich Hustenbereite und Hustenträge. Die letzteren reagierten, wie wir in Vorversuchen feststellen konnten, selbst auf ein stärker konzentriertes Reizgas nur mit sehr wenigen Hustenstößen oder begannen bei Verwendung eines Reizgases mit 0,2 Vol.% NH_3 erst nach längerer Zeit zu husten. Wohl fanden wir Tiere, die nicht sofort husteten, doch konnten wir keine ausgesprochenen Nichthuster beobachten. Diejenigen Ratten, die bei 1-minütiger Reizeinwirkung im Leerversuch nicht husteten, wurden von uns aussortiert. Unter den von vornherein hustenbereiten Ratten konnten wir zwei Gruppen unterscheiden, die wir als Vielhuster und als Wenighuster bezeichneten. Die Tiere beider Gruppen begannen sofort nach Anfluten des Reizgases zu husten, unterschieden sich aber deutlich in der Zahl der pro min produzierten Hustenstöße. Ein Teil der Tiere mit kleiner „Hustenzahl" wurde von den Weibchen gestellt, die auch, möglicherweise infolge der etwas schwächer entwickelten Brustmuskulatur, weniger kräftig husteten als die Männchen. Andere Tiere aus der Gruppe der Wenighuster vermochten zwischen den einzelnen Hustenstößen einige Sekunden den Atem anzuhalten und husteten deshalb im Verlaufe einer

Minute weniger. Auch die Tiere mit großer „Hustenzahl" ließen sich wieder unterteilen. Wir beobachteten hier Takt-Huster, die in fast gleichen Zeitabständen (im Takt) ihre Hustenstöße produzierten und Salven-Huster, die ein bis drei Hustensalven von je 4—6 Hustenstößen „abfeuerten". Bei 240 Tieren ohne Hustenmittel betrug die „Hustenzahl" im Mittel 8,3 ± 2,7, nach 2 Std. Pause 9,1 ± 3,2. Aus dem nur unwesentlichen Unterschied leiteten wir die Berechtigung ab, die Ratten nach 2 Std. noch einmal in den Versuch zu nehmen. Auf diese Weise konnten wir jeweils am selben Tier die Verkleinerung der zuvor im Leerversuch ermittelten „Hustenzahl" nach Wirksamwerden eines Hustenmittels nachweisen.
Im Rahmen einer Untersuchung, die das von SCHAUMANN [6] postulierte „protektive System" zum Gegenstand hatte, ermittelten wir mit unserer Methodik die hustenreflexhemmenden Wirkungen einiger morphinähnlicher Verbindungen. Die ED 50 betrug dabei für Morphin und Methadon je 3,5, für Kodein 16,0 und für Pethidin 24,0 mg/kg s.c.

Literatur

[1] ENGELHORN, R.: Arzneimittel-Forsch. **10**, 785 (1960).
[2] GRAVENSTEIN, J. S. u. H. K. BEECHER: Arzneimittel-Forsch. **5**, 364 (1955).
[3] HÖGLUND, N. J. u. M. MICHAELSSON: Acta physiol. scand. **21**, 168 (1950).
[4] LITCHFIELD, J. T. u. F. WILCOXON: J. Pharmacol. exp. Therapeut. **96**, 99 (1949).
[5] ROSIERE, C. E., C. V. WINDER u. J. WAX: J. Pharmacol. exp. Therapeut. **116**, 296 (1956).
[6] SCHAUMANN, O.: Morphin und morphinähnlich wirkende Verbindungen. Handb. exp. Pharmakol. Erg.-Werk Bd. 12, Springer-Verlag, Berlin-Göttingen-Heidelberg, 1957.
[7] TRENDELENBURG, U.: Acta physiol. scand. **21**, 174 (1950).

Symptome im Blut

Schnelle, rationelle, exakte Untersuchung des Blutes — Blutkörperchenzählgerät:

TEILCHENZÄHLER TuR ZG 1

Genaue, exakte Zählergebnisse (bis zu zehnfach genauer als das visuelle Verfahren), auch separate Zählung von Erythrozyten, Leukozyten und Thrombozyten. Weitestgehend automatisiert (moderne elektronische Baueinheiten); schnelles Zählen: 1 mm^3 Blut in ca. 5 s. Einfache, sichere Bedienung — leichtes Arbeiten. Für klinische Routineuntersuchungen in hämatologischen Laboratorien und für spezielle wissenschaftliche Aufgaben:

TEILCHENZÄHLER TuR ZG 1

ein Erzeugnis der radiologischen Technik und medizinischen Elektronik der DDR

TuR

VEB TRANSFORMATOREN- UND RÖNTGENWERK DRESDEN

BETRIEBSSTÄTTEN FÜR RÖNTGENTECHNIK UND ELEKTROMEDIZIN

104 Berlin	Reinhardtstraße 18 Telefon 426671, 426672
8023 Dresden	Kleiststraße 10 Telefon 54869, 53842
701 Leipzig	Roßstraße 17 Telefon 30200, 20215, 65265

Radiologische Technik Medizinische Elektronik der DDR

ACTA PHYSIOLOGICA ACADEMIAE SCIENTIARUM HUNGARICAE

Zeitschrift der Ungarischen Akademie der Wissenschaften

Schriftleiter K. LISSÁK

Schriftleitung SZ. DONHOFFER, E. ERNST, B. ISSEKUTZ sen., N. JANCSÓ, L. KESZTYÜS, F. B. STRAUB

ACTA PHYSIOLOGICA veröffentlicht Abhandlungen ungarischer und ausländischer Wissenschaftler aus dem Bereich der Physiologie, Biochemie, Biophysik, Pharmakologie, in deutscher, englischer, französischer und russischer Sprache.

ACTA PHYSIOLOGICA erscheint in 8 Heften jährlich, die zwei Bände von je etwa 400—500 Seiten bilden. Format 17 × 24 cm.

Vertrieb: KULTURA Budapest 62. Postfach 149

Schriftleitung: Pécs, Rákóczi ut 80 (Ungarn)

CONTENTS

СОДЕРЖАНИЕ

81002

INHALT

Herausgeber und verantwortlich für den Inhalt: R. Baumann, H. Dutz, A. Graffi, H. Gummel, F. Jung, L.-H. Kettler, S. M. Rapoport. Schriftleitung: Prof. Dr. Werner Scheler und Dr. habil. Heinz Bielka, 1115 Berlin-Buch, Lindenberger Weg 70. Fernruf: 56 98 51. App. 222. Verlag: Akademie-Verlag GmbH, 108 Berlin, Leipziger Straße 3–4 (Fernruf: 22 04 41) Telex-Nr. 011 773, Postscheckkonto Berlin 3 50 21. Bestellnummer dieses Heftes 1053/XVI/5. Die Zeitschrift erscheint monatlich. Bezugspreis: Einzelheft MDN 14,—, Doppelheft MDN 28,—. Veröffentlicht unter der Lizenznummer 1318 des Presseamtes beim Vorsitzenden des Ministerrates der Deutschen Demokratischen Republik. Gesamtherstellung: VEB Druckerei „Thomas Müntzer", 582 Bad Langensalza. — Alle Rechte vorbehalten, insbesondere die der Übersetzung. Kein Teil dieser Zeitschrift darf in irgendeiner Form — durch Photokopie, Mikrofilm oder irgendein anderes Verfahren — ohne schriftliche Genehmigung des Verlages reproduziert werden.

FSC
www.fsc.org
MIX
Papier | Fördert
gute Waldnutzung
FSC® C083411

Zeitfracht Medien GmbH
Ferdinand-Jühlke-Straße 7
99095 Erfurt, Deutschland
produktsicherheit@kolibri360.de